문지스펙트럼

문화 마당
―――――――
4-019

건축의 스트레스

함성호

문학과지성사

문화 마당 기획위원

오생근 / 정과리 / 성기완

문지스펙트럼 4-019

건축의 스트레스

지은이 / 함성호
펴낸이 / 채호기
펴낸곳 / 문학과지성사

등록 / 1993년 12월 16일 등록 제 10-918호
주소 / 서울 마포구 서교동 395-2호 (121-840)
전화 / 편집부 338)7224~5 팩스 / 323)4180
영업부 338)7222~3 팩스 / 338)7221
홈페이지 / www.moonji.com

제1판 제1쇄 / 2004년 6월 18일

ISBN 89-320-1518-X
ISBN 89-320-0851-5(세트)

ⓒ 함성호

지은이와 협의하여 인지를 생략합니다.
이 책의 판권은 지은이와 문학과지성사에 있습니다.
양측의 서면 동의 없는 무단 전재 및 복제를 금합니다.

잘못된 책은 바꾸어드립니다.

건축의 스트레스

■ 책머리에

꿈과 기계

"건축은 살기 위한 기계이다"라는 말은 저 유명한 스위스 태생의 프랑스 건축가 르 코르뷔지에 Le Corbusier의 말이다. 널리 알려져 있다시피, 이후 이 말은 20세기의 많은 건축가들에게 지대한 영향을 끼쳤다. 모더니즘 건축의 미명을 연이 경구는 오늘날 우리가 흔히 보듯이 평평한 슬래브 지붕에 사각 박스의, 근대 도시의 근간을 이루는 건축 형태를 결정짓는 이론적 근거가 되어왔다. 그는 참으로 탁월하게도 산업화되어가는 도시의 가장 보편적인 건축 방법을 일찌감치 간파하고 그것을 자신의 건축의 뿌리로 삼았다. 그러나 이 경구 뒤에서 그는 명상적 공간으로서의 건축의 또 다른 모습을 이야기했으나("건축은 감동적인 관계를 통해 정신적 숭고함의 상태, 수학적 질서, 사색과 조화를 인식하게 하는 훌륭한 예술이다. 이것이 건축의 목적이다." —— 르 코르뷔지에, 『건축을 향하여』), 오늘날의 우리는 대개 '살기 위한 기계'라는 말만 부각시켜 인식하고 있다. 그리고 그에 다르는 알려지지 않은 경구는 르 코르뷔지에의 제자이며 초기 한국 근대 건축의 문을 열어놓은 건축가 김중업에 의해서 '꿈'이라는 단어로 설파되기 시작한다.

르 코르뷔지에가 그 시대가 요구했던 가장 최적화optimal solution된 이론으로 건축을 이야기했다면 그의 제자인 김중업은 역사적인 시간을 벗어나 건축이 가지고 있는 가장 기본적인 속성을 가지고 꿈이 사라진 시대에 대응하고자 했다. 그것은 물론 그의 스승인 르 코르뷔지에뿐만 아니라 그 이전의 모든 예술이 지향했던 낭만주의적 보편이었지만, 김중업이라는 아시아의 건축가에게는 스승의 말 중에서 '기계'라는 말보다는 '명상'이라는 말이 더 심금을 울렸을 것이다. 아니, 그것은 이미 르 코르뷔지에를 만나기 전부터 꾸준히 그가 가져왔던 주제였을 것이다. 그는 그 주제로 많은 건축들을 행했다. 우리가 흔히 보면서도 지나치는 많은 건물들이 그의 손에 만들어졌다. 우선 생각나는 대로만 꼽아봐도 을지로 「삼일빌딩」 「서산부인과병원」, 신길동 「태양의 집」, 외국 비평가들로부터 21세기 건축이라는 평을 들은 제주대학교 「본관」, 서강대학 「본관」도 그의 작품이라면 아하, 하고 수긍하는 사람도 있을 것이다. 그리고 귀가 따가웠던 저 1988년 서울 올림픽의 상징 조형물도 그의 작품이다. 자유로운 곡선을 그야말로 자유자재로 사용하며(그가 계획했던 프랙탈한fractal 집의 건축 면적은 계산하는 사람마다, 그리고 계산할 때마다

「주한 프랑스 대사관」
김중업에게 전통 건축의 처마는 비와 눈과 햇빛을 가리기 위한 도구가 아니라 그대로 건축의 꿈이며 예술이 되찾아야 할 잃어버린 날개였다.

「주한 프랑스 대사관」

그 결과가 달랐다고 한다) 자신의 꿈을 현실에 펼쳤던 그는, 스승의 '살기 위한 기계'라는 말과는 사뭇 다른 '꿈꾸고 싶은 공간'을 시종일관 주장했다. 기계를 외쳤던 스승 밑에서 그는 꿈을 보았던 것이다.

그러나 시대는 그의 꿈을 요구하지 않았다. 아니, 어쩌면 당대가 꾸었던 꿈이 바로 '기계'였는지도 몰랐다. 그것이 김중업이 꾸었던 꿈의 한계였던 것이다. 모든 사람들이 꿈을 원했다. 하지만 시대는 꿈이 아닌 보다 현실적인 해결을 원했다. 이것이 바로 모든 사람들이 건축에서, 그리고 모든 예

「주한 프랑스 대사관」
한국에서 콘크리트라는 재료는 김중업에 의해서 처음으로 그 자유로움을 드러냈고 김중업과 함께 그 자유로운 형상을 마감했다고 해도 과언이 아니다. 그 후로는 안도 다다오 유의 직선적 형태가 콘크리트의 형상을 주도했다.

술의 전위에서 겪는 갈등인 것이다. 사람들은 꿈을 원한다. 그러나 늘 그들이 결정적으로 선택하는 것은 언제나 '해결'이다. 그 현실을 건축이 해결해주지 못하면 사람들은 가차없이 건축-전위를 외면한다. 꿈은 언제나 실현되지 않는다. 건축가는 사람들이 원하는 집이 아니라 당대가 원하는 집을 지어야 한다는 악몽에 시달린다.

건축은 그 표현의 방법에서 다른 예술 장르보다 많은 제약을 받고 있다. 표현의 의지와 '살기 위한……'이란 당위 사이에서 보다 교묘한 줄타기가 필요한 것이다. 그러나 보다 자유로운 언어를 다루는 시에서도 그러한 제약은 마찬가지이고 또 다른 장르도 그러하듯이 그 표현의 방법이 곧 그 표현의 제약이 된다고 할 때 건축의 표현적 한계가 곧 건축의 표현 의지의 방법이 되는 것은 두말할 나위도 없다. 사람들이 건축에서 아름답고 동화 같으며 꿈속에서나 볼 수 있는 집을 원하는 것처럼 시에서 바라는 것도 똑같다. 사람들은 왜 시가 이렇게 어려우며 괴로워야만 하는지 묻곤 한다. 시가 좀더 아름답고 위안을 주면 안 되는 거냐고. 그래야 '만' 한다는 것은 아니지만 그것은 꿈이다. 시인 황지우가 말했던 것처럼 시란 '당대를 위한 당대의 가장 불길한 전언'이고 악몽이다. 그것이 시대가 원하는 시의 모습이자 사실은 바로, 시가 아름다우면 안 되냐고 묻던 그 질문자가 바라는 시의 모습이다. 대중이 원하는 예술은 아이러니컬하게도 실은, 대중의 바람과 가장 상반되는 예술이다.

김중업은 노출 콘크리트라는, 당시에는 물론이고 지금은 더더욱 시의에 맞지 않는(왜냐하면 노출 콘크리트 공법은 고난도 시공과 인건비 상승의 요인이 되기 때문에 대량 생산, 대량 복제하는 오늘날의 산업 구조에서는 맞지 않다) 선택을 했고, 자유 곡선이라는 평면 역시 모듈 유니트에 익숙한 오늘날의 시스템에는 맞지 않는 방법이다. 콘크리트라는 재료 자체가 시대를 잘못 타고난 불행한(?) 재료라서 이미 수공예적인 시대를 지나 모든 것이 획일화된 시스템으로 생산되는 시대에는 그 속성을 한껏 살리지 못하는 불운을 겪게 마련이었다. 그는 시대가 무엇을 원하는지 착각했던 것이다. 그러나 그의 건물은 아름답다. 「주한 프랑스 대사관」을 보라. 그것은 우리가 오랫동안 골머리 앓고 머리 싸매던 전통 건축의 현대적 해석이라는 문제를 타결해주고 있다. 그리고 전통의 문제를 떠나서도 그것은 아름답다. 그 모든 시대의 요구를 떠나서 「주한 프랑스 대사관」은 인간 심성의 보편적인 미학에 호소하고 있다. 그 건물로 인해 그는 당시 프랑스의 문화부 장관인 앙드레 말로의 추천으로 프랑스 정부로부터 훈장을 받았고 그에 관한 기록 영화가 제작되었다.

여기에서 다시 시대가 요구하는 것과 시대를 떠나 보편적으로 존재하는 인간 심성의 원리 사이에서 줄타기가 행해지는 것이다. "꿈을 꾸고 싶어져야 하지 않겠나?"와 "건축은 살기 위한 기계이다"라는 김중업과 르 코르뷔지에의 말 속에는 예술의 위안적 기능을 묻는 대중들의 가장 기본적인 물음에 대한 두 가지 대답이 들어 있다. 꿈은 인간이 꾸는 것이다. 그렇다면 건축은?

차례

책머리에__꿈과 기계 / 7

아키스파즘의 시나리오 / 17
포스트모던 클러시시즘 이후 / 28
모더니스트들 / 68
음울한 모놀리스, 파이드 파이퍼의 곡조 / 99
결벽증과 몽타주의 논리 / 111
밀교적 어둠의 세계 / 140
삶과 죽음의 기호 / 167
우울한 비익의 꿈 / 182
사라져버린 집 / 203
아도니스의 빛과 어둠 / 220
건축은 자연의 확장이다 / 234

맺음말__집의 마음 / 264

아키스파즘[1]의 시나리오

　시대를 막론하고 예민한 정신들은 항상 당대를 위기로 파악한다. 역사학자 에릭 홉스봄이 자서전적 20세기사인 『극단의 시대』에서 "20세기는 하나의 위기의 시대에서 짧은 황금시대를 거쳐 또 다른 위기의 시대로, 불확실한 미래로 나아가고 있다"고 진단한 것처럼, 그리고 "사람들은 비행기를 발명했지만 나는 신발을 그리워하고 있다"고 한 소설가 로베르트 무질의 지적처럼 당대는 항상 위기이거나, 이해할 수 없는 불안과, 근거를 알 수 없는 그리움으로 가득 차 있다. 그와 같이 당대는 항상 모호한 것이다.

---

1) archispasm. 'architecture'와 'spasm'의 합성어. 건축의 발작적 위기 상태를 나타내는 나의 조어이다. 엘빈 토플러는 발작적 경제 위기를 에코스파즘 ecospasm이라고 표현한 바 있다.

신자유주의의 도전

홉스봄의 말처럼 '짧은 황금시대'라는 것이 존재했든 아니었든 간에 20세기의 역사가 말해주듯이, 우리는 이미 지옥과 같은 혼돈 속에 빠져 있거나 아니면 그 문지방을 넘어서고 있는 중일 것이다. 경제적으로는 관세 및 무역에 관한 일반협정 GATT 체제와 세계무역기구 WTO 체제를 통해 신자유주의가 대두했고 동시에 19세기 식민지 지배의 경제 논리를 뒤흔들었던 케인스 학파가 몰락했다. "신자유주의는 경제적 혼란에 대한 혼돈의 이론이고, 사회적 난맥상에 대한 어리석은 찬양이며, 재앙에 대한 파국적인 정치적 해결 방안이다 (마르코스, 사파티스타 민족해방군 부사령관)"라는 사파티스타 운동의 저항처럼, 신자유주의자든 그 반대 입장의 사람이든 혼돈은 이미 시작되었다는, 당대에 대한 위기의식에서는 모두 동일한 인식을 보여주고 있다. 더구나 이 '재앙에 대한 파국적 해결 방안'은 이미 한국 사회 전반에 걸쳐 광범위하게 진행 중이고, 그 반작용 또한 심각하다.

신자유주의를 이루고 있는 개인주의는 문화적으로도 다원적인 전략으로 국가와 국가 간의, 민족과 민족 간의 차이를 없애버리면서 문화적인 일방 관계를 강제한다. 그러나 또 한편으로는 후기 산업 사회 이후 정보화 사회로의 이행을 통해 이질적인 문화 간의 차이를 좁히면서 이종 교배를 보다 원활하게 한다. 말하자면 고대 이후 이질 문화의 교류에 있어서 오늘날만큼 빠른 속도로 모든 것이 진행되었던 적은 전무했다. 그리고 그 모든 것이란, 우리가 세계 내에서 이해하며 다루고 있는 이미지, 욕구, 언술, 정체성, 정신 영역, 그리고 지적·미학적 작업 일반을 아우르는 것이다. 나아가 성gender과 종족성, 그리고 섹슈얼리티와 같은 차이의 문화적 구성 요소[2]로서의 모든 것을 의미한다.

이렇듯 신자유주의의 세계 질서는 문화, 정치, 경제를 포함한 사회 전체에서 우리의 일상을 흔들어놓고 있으며 당대를 새롭게 규정할 것을 요구하고 있다. 현대 건축을 위기로 진단하고자 하는 허다한 시도들 역시 당대를 혼란스러운 상황으로 인식했던 저간의 사정과 그리 무관하지 않다. 그러나,

---

[2] http://chunma.yeungnam.ac.kr. 이러한 인용은 불과 3, 4년 전만 해도 낯설었다. 이러한 것이 전례가 없어서 중요한 것이 아니라, 본문의 인용구가 실린 인터넷 사이트에도 이 글을 쓴 필자에 대한 아무런 정보가 없다는 것이 중요해진다. 이것을 단순한 실수로 돌리는 것은 쉬운 일이지만 이러한 현상은, 종종 리눅스가 그렇듯이, 공식적으로 나타난다. 다시 말하자면 카피라이트에서 카피레프트로 이행하는 것이다. 심지어 최근에 다시 이 사이트에 들어가서 확인해본 결과 이 글은 그야말로 흔적도 없이 사라져버렸다. 나는 지난밤 무덤에서 잔 것인가? 고래등 같은 기와집에서 잔 것인가?

대중의 힘과 자본의 힘

"모든 조형 미술의 궁극적인 목표는 건축에 있다. 한동안은 건축물을 장식하는 것이 미술의 가장 훌륭한 과제였다. 다시 말해 미술은 대(對)건축의 불가결한 구성 요소였다. 그러나 오늘날 미술은 고립 상태에 있다. 미술이 이와 같은 고립 상태에서 벗어날 수 있는 길은 오로지 모든 공예가들과의 적극적인 협력을 통해서만 가능하다. 건축가, 화가, 조각가들은 건축이 그 전체나 각 부분을 포함해서 종합적인 성격을 띠고 있다는 사실을 새롭게 인식하지 않으면 안 된다. 이렇게 되면 비로소 그들의 작업이 '살롱 미술'로 전락하여 상실했던 건축 정신을 다시 불러일으키게 될 것이다"[3]는 그로피우스Walter A. Gropius의 말처럼, 현대 예술은 그렇게 호락호락 진행되지 않았다. 오히려 예술의 이상을 현실에 반영하려 했던 바우하우스의 의지가 현대 자본주의의 파랑 속에 난파된 지점에서 현대 예술은 잔해처럼 떠오르며, (화려한 무덤인) 미술관 속으로 사장될 위기에서, 거꾸로 현대 예술은 기생한다.

이 '기생'과 '부유물'이라는 두 가지 생존 방식에는 (미술관 밖에서) 보다 더 자본과 깊이 관계하든 역으로, 보다 더

---

3) 「바우하우스 선언문」에서.

수공예적인 작업에 천착하여 자본의 비호를 받든지 간에 양자 모두 자본의 논리에서 자유로울 수 없다는 점에서 다시 한 번 동일해진다. 그래서 현대 건축 역시, 그로피우스의 말처럼 예술가들의 '적극적인 협력'에 의해서가 아니라 비로소 자본의 협력하에 고립 상태에서 벗어날 수 있게 되었다. 그러니 미술이 이제 와서 새삼스럽게 자본을 거부할 아무런 이유가 없어진 것이다. 이 '고립 상태'에서 벗어나게 하는 추동력이 되는 문화 자본은 거의 즉각적으로 대중의 기호를 따르며 또 대중의 기호를 창조해내기도 한다. 그러나 이 놀라운 문화 자본의 선점 능력[4]은 사실상 대중들의 문화 자본과 예술에 대한 선점력이 자본의 힘으로 가시화된 것에 지나지 않는다. 따라서 행여 이러한 자연스러운 먹이 사슬의 고리를

---

4) 대중의 변화와 함께 문화 시장의 규모는 엄청난 속도로 커지고 있다. 이를 추동하는 일차적인 힘은 기술의 반전이며 다시 이를 밀어붙이는 근원의 힘은 자본의 힘이다. 자본의 힘이 문화 시장을 지배하고 그 힘이 대중의 자기 표현 욕구를 소비적으로 이용하는 과정에서 대중문화 전반의 쾌락주의가 만연하다. 이는 상품화 자체의 문제이거나 시장 원리의 피할 수 없는 결과가 아니다. 그것은 대중의 능동적 문화 실천의 욕구를 문화 생산자들이 미처 따라잡지 못하는 사이에 자본의 놀라운 흡인력이 그 자리를 선점한 때문이다. 따라서 중요한 것은 대중의 능동성이 단지 시장 논리에만 맡겨짐으로써 결과적으로 자본의 배만 불리는 상황을 어떻게 변화시키는가 하는 것이다. 말하자면 문화 시장에서 자본의 전횡을 일정하게 통제할 수 있는 공적인 힘을 어떻게 만들어내는가의 문제이다(김창남, 「문화의 대중화를 위한 제언」에서).

장 누벨 Jean Nouvel, 「아랍문화원」, 파리, 1987.

「아랍문화원」 세부
유럽의 건축은 이제 또 하나의 자연을 표방하고 있다. 「아랍문화원」의 창은 카메라의 조리개처럼 외부 환경에 반응하며 마치 유기적인 생명체처럼 내부의 빛을 조절한다. 20세기 초 유럽에서 태동한 기계 미학은 이제 자연에 반응하고 적응한다.

인위적으로 통제하여 대중과 예술의, 예술과 자본의, 자본과 예술의 관계를 바람직하다고 생각되는 방향으로 돌리려는 일련의 정책적 시도는 오류이다.[5] 신자유주의가 우리에게 주는 함정과 활로가 바로 이것이다.

지금 우리는 미국으로 대표되는 문화 제국주의와, 신자유주의 무역의 새로운 경제 압력, 그리고 근 1세기 동안의 문화적 단절감을 같이 안고 있다. 특히 급격한 서구 문화의 유입으로 달라진 생활양식과 전쟁, 분단으로 고유의 전통과 유리된 채 우리 것을 바라보는 우리의 시각을 잃어버리고 말았다. 이러한 사회, 역사, 경제적인 질곡이야말로 우리의 문화를 정체시킨 가장 핵심적인 요인이 아닐 수 없다. 그리고 이러한 질곡들이 곧 건축 예술의 사회 경제적인 내용과 가장 밀접하게 작용한다는 의미에서 건축 예술에 있어서의 과거는 과거가 아니다.

건축의 공황

또한 오늘날 한국 건축의 위기는 한국 건축 자체의 문제만

---

5) 문화 제국주의보다 더 나쁜 것은 문화 파시즘이다. 20세기 초를 전횡(專橫)하며 전 세계를 전황(戰況)으로 몰아넣었던 파시즘의 횡액을 다시 상기해야 한다.

은 아니다. 이는 모더니즘 건축 이후 전 세계적인 건축의 위기와 그 맥을 같이한다.[6] 사실 포스트모더니즘의 실패는 그것이 모더니즘과 이란성 쌍생아에 지나지 않는다는 점에서 이미 예고되고 있었다고 해도 과언이 아닐 것이다. 모더니즘의 구조를 탈구조화시키지 못하고 그 문맥을 한층 신비화한다는 점에서 포스트모더니즘은 모더니즘의 보완이다. 다양한 역사의 가벼운 차용은 모더니즘의 껍질에서 이루어졌고 그것은 장식을 죄악시했던 모더니즘의 차꼬를 더 넓은 차꼬로 갈아 끼우는 작업에 지나지 않았다. 따라서 포스트모더니즘은 역사를 장식화했지만 정작 포스트모더니스트들은, 모더니즘의 계승자들인 그들은, 장식이라는 불결한 행위를 역사에서 보상받으려 했다.[7] 그리고 모더니즘의 순결한 이상과 고고한 엘리트주의에 대한 진정한 반동은 전혀 예상치 못했던 지점에서, 어느 누구도 그 정신이 없는 육체에서 돌발적으로 출현하리라고는 예상하지 못했다. 사이버스페이스의

---

6) 위기라는 말이 항상 부정적인 의미로 사용되는 것은 아니다. 위기는 절망과 희망을 동반한다. 그것은 어떤 혼돈의 상태를 의미하며 역사적으로는 분기점을 이루는 시작을 의미하기도 한다. 사람들이 끊임없이 자신들의 시대를 위기로 인식하는 것도 역사의 능동적 주체로서의 개인의 역할에 기대하고 싶은 욕망의 표현이다.

7) 포스트모더니즘 이전에는 그 어떤 사조도 감히 역사를 장식화하지는 못했다. 포스트모더니즘은 과거의 신고전주의와 달리 고전에 대한 아무런 경의도 없다. 포스트모더니즘의 역사의 차용은 패러디가 아니라 패스티시에 가깝다.

등장은 건축의 방법적 틀을 송두리째 바꿔버리면서 모더니즘이 견지해오던 진지한 사회적 담론들을 아주 가벼운 것으로 만들어놓았다. 모든 사회, 경제, 예술의 담론들은 모두 수학적 담론들로 대치되며 과거의 가치들, 청교도적 결벽증, 사회주의적 이상과 같은 것들은 (더 이상 가치를 지니지 못한다기보다는) 여느 사물처럼 아주 평범하고 일상적인 것이 되어버렸다. 컴퓨터 안에서 건축의 인터페이스들은 우연에 의한 결과들을 보다 과감히 채택함으로써 세계의 비합리성을 역설하는 동시에, 합리의 보편성을 거부한다. 그와 같이 불확정적인 물리학의 모델, 이를테면 클라인 씨 병이나 수학적인 접힘의 공간들이 비록 그 형태뿐이기는 하지만 최근의 건축 동향에서 주류를 이루는 것도 눈에 띄는 현상들 중의 하나이다.

이는 마치 다윈의 진화론이 19세기 유럽의 정신사를 뒤흔들어버린 사건과도 비교될 수 있는 건축의 일더 혁명이다. 린 Greg Lynn이나 오션 그룹Ocean Group의 작업들은 이제까지의 건축의 모습과는 완연히 다르며, 사무실의 운영 방식도 구별된다. 어디까지나 예측에 불과하지만 모더니즘 건축이 20세기 도시의 모습을 바꾸어놓았다면 이 컴퓨터 툴을 이용한 '휘어진 건축'[8]은 21세기의 도시의 모습을 바꾸어놓을지도 모른다.

---

8) 이런 부류의 작업들은 대부분 비(非)유클리드 기하학파의 이론을 적극

그러나 우리에게는 한 가지 부담이 더 있다. 이 모든 세계 건축의 조류와 함께 그들과는 다른/다를 수밖에 없는 우리의 시각을 발견해야 하는 부담이다. 결국 현대 한국 건축의 위기는 이 시각의 부재에 있다. 어찌 보면 19세기 말부터 한국 사회는 국제 사회의 팽팽한 역학 관계 속에서 급속히 우리의 가치를 털어버리기 시작했다.[9] 어쩌면 지금까지는 그 가치를 털어버려야 생존할 수 있었는지도 모른다. 그리고 그 털어버려야 할 가치는 17세기 중엽부터 이미 죽은 왕조의 시체를 이용해 자신들의 계급적 당파성과 기득권을 유지하려 했던 사림 계층의 타락과도 연결되어 있을 것이다. 긍정적으로 보자면 우리는 지난 1세기 동안 그 타락을 씻기 위해 '서구에 기대기'를 지속해왔다. 그런 한국 사회의 특수성은 현대 한국 건축의 특수성과 다르지 않고, 지금 한국 사회의 위기는 그런 한국 건축의 위기와 다르지 않다.

지금 세계 건축은 모더니즘과 포스트모더니즘, 그리고 새로운 컴퓨터 인터페이스에 의한 '휘어진 건축'에 이르기까지 실로 다양한, 혼잡한 양상을 띠고 있다. 한국 건축도 이러한

수용하고 있다. '휘어진 건축'이란 말은 컴퓨터 인터페이스에 의한 공간의 대표적인 특징을 내가 임의로 지칭한 것이다.
9) 이 털어버려야 했을 가치 중에서 유독 우리의 뼛속 깊이 각인된 인식은 우리 사회 전반에 퍼져 있는 건축에 대한 편협한 시선이다. 건축을 인문학적으로 인식하지 못하는 이 구폐야말로 우리 건축의 제일 큰 장애물이다.

에릭 오언 모스Eric Owen Moss, 「코닥 콤플렉스」, 로스앤젤레스, 1995.
미국의 건축은 아직도(?) 인식론의 문제에 집착하고 있다. 미국에서 포스트모더니즘은 단순한 유행이 아니라 다인종 사회인 미국의 현실을 반영하며, 여전히 끊임없이 서구 사회를 지배해온 역사적 양식에 경도되고 있다.

세계 조류에서 예외여서는 안 된다. 그러나 수많은 서구의 이론들을 접하고 거기서 길을 찾다가도 이내 허전해지는 이 빈 구석. 정녕 우리의 건축에 몸이 있다면 그걸 찾아야 하지 않을까?

포스트모던 클래시시즘 이후[10]

1990년대 중반을 지나면서 한국 건축은 그동안의 모더니즘의 영향으로부터 탈피하려는 진지한 노력을 경주해왔다. 포스트모던이라고 불렸던, 사실은 포스트모던 클래시시즘[11]이라

---

10) 이미 나는 앞의 글에서 포스트모더니즘을 모더니즘의 보완으로 뭉뚱그려 생각한다고 밝힌 바 있다. 그러니까 이 제목에서 '포스트모던'은 그런 '모더니즘 이후'를 뜻한다.
11) 포스트모더니즘의 장식적 차용이 역사에 기대고 있다는 측면에서 포스트모더니즘은 엄밀히 말해 모더니즘과 클래시시즘의 잡종 교배 형식을 띤다. 서구의 포스트모더니즘이 서구의 고대에서 그 장식적 어휘를 빌려오듯이 1980년대 한국에 수입된 포스트모더니즘은 이집트나 그리스 등, 서구의 고대를 그대로 수입해 자신들의 어휘로 채택하게 된다. 그러던 것이 1990년대 들어 곽재환, 민현식, 승효상, 이일훈으로 대표되는 4·3그룹들의 거센 반발에 부딪쳤고, 그 후 한국에서의 포스트모던 클래시시즘은 조선의 성리학적 공간에서 그 원형을 찾게 되어 승효상의「수졸당」을 시작으로 성리학적 공간을 장식화하는 난제를 보이기도 하고, 곽재환의 경우처럼 지역을 떠난 성리학적 보편성을 추구하기도 하며, 이일훈의 경우처럼 과밀한 도심 속에서의 해법을 찾는 등, 다양한 고민을 보여주며 다른 차원으로의 이행을 준비한다.

는 수입 완제품의 허구가 드러나면서 쿨하스Rem Koolhaas, 그레그 린 등의 작업들이 소개되었고, 일련의 진지한 모색들이 이루어지기 시작했다. 이러한 모색의 의의는 그동안의 사회 역사적 맥락에서의 건축을, 보다 개인적인 것으로 가져오려 했다는 점에서 건축계에 신선한 반향을 불러일으켰다.[12] 개인적인 역사와 내면의 갈등이 건축이 가지고 있는 사회 경제적인 억압을 뚫고 표면에 부상하기 시작한 것이다. 물론 이러한 작업들이 적극적으로 시도되기에는 한국 사회가 가지고 있는 건축 외적인 여건이 아직 충분히 성숙되어 있지는 않다. 그러나 그러한 건축 방법들이 비록 새로운 것은 아니더라도 21세기 건축의 어떤 미래를 제시한다는 점에서 충분히 중요하게 취급되어야 한다고 생각된다.[13]

---

12) 건축에서 '개인적'이라는 의미는 다소 복잡하다. 당연하겠지만 여기에서 사용하는 개인이란 당대를 해석하는 개인의 의미이다. 건축에서 가장 사회학적인 탁견을 보인 렘 쿨하스의 경우에도 사회를 개인적으로 해석한다. 이전의 건축이 사회의 요구를 수용하는 자로서의 건축가에 더 큰 비중을 두었다면 이제는 거꾸로 건축가가 사회 속에 자신의 의견(건축)을 던진다. 이제 건축은 설치 예술처럼 '충격'적인 것이 되고 싶어한다.

13) 한 건축가가 보는 현대라는 상황과 철학적 고민이 어떻게 집에 투사되고 있는가 하는 문제는 작가주의 건축이라는 말을 성립시킬 수 있는 근거로 작용한다. 현대라는 상황은 이제 건축가에게 장인에서 작가가 될 것을 요구하고 있다. 상업 건축가와 작가가 구분되어야 한다면, 그것은 단순히 건축이 가지는 경제적인 실용성이 주는 억압에서 벗어나고, 말고 한다는 의미는 아닐 것이다. 현대를 보는 시각과 새로운 건축적 비전을, 오늘날의 건축 현실은 절실히 요구하고 있다.

개인적으로 나는 네오모더니즘이라는 말을 싫어한다. 20세기 초 기계에 대한 당황과 열광이 모더니즘을 낳았다면 네오모더니즘도 변화하는 현대라는 거인의 숨결을 받고 있다는 점에서 그것들 사이에는 끈끈한 혈연이 존재한다. 단지, 모더니즘이 기계에서 미학을 발견했다면 네오모더니즘은 미학적이기보다는 유기적이고, 유기적 관계보다는 관계의 형식에 더 주목한다는 차이가 있다. 그리고 이 차이가 모더니스트들이 가졌던 세계 기획에 대한 능동성이 네오모더니스트들에게는 없다는 중요한 차이를 낳는다. 아무도 의식하고 있지는 않지만 네오모더니스트에게 자연과 도시의 구분은 이미 존재하지 않는다. 그들에게 세계는 아주 미세한 다이어그램들로 이루어져 있는 복잡한 도면에 불과하다. 자연과 도시는 그런 다분히 자의적인(혹은 개인적인) 다이어그램들로 표현된다. 그래서 네오모더니스트의 이론적인 배경은 철학이 아니라 물리학이나 수학과 같은 자연과학의 방법들과 그 궤를 같이한다.

진보적 사고나 사조들을 표현하기 위한 수사로서의 '모던함'이 곧 20세기 초를 풍미했던 모더니즘과 연결되고 있다는 사실은 언어의 한계가 아니라, 언어에 갇힐 수밖에 없는 인간적 사고의 한계를 말해주는 것인지도 모른다. 오늘날 모더니즘 이후 건축이 걷고 있는 다변화된 사회 상황에 따른 적응은 이전에는 결코 건축의 모습이 아니었던 것들까지 건축의 함의에 포함시키고 있다. 분명 건축의 영역은 넓어지고 있고, 그 영역이 넓어지는 만큼 양식의 혼재는 필연적이다. 1980년대의 건축이 그런 양식의 혼재를 포스트모던 클래시시즘으로 표방했다면 이제는 그런 용어로 규정하기 어려울 정도로 상황은 더 복잡해졌다. 포스트모던이든 포스트모던 클래시시즘이든 그것이 전에는 표현의 방법에만 국한되었다면 이제는 상황에 따라 자유롭게 차용되고 버려진다. 다양한 양식의 적용이란 측면에서 수퍼매너리즘의 시대가 왔고 그것은 다분히 상황주의적인 성격을 띤다.

그러나 우리가 건축이라는 예술이 지니고 있는 표현의 한계를 확정적으로 축소시켜 생각하기 시작한 것도 아마 모더니즘 건축의 등장 이후일 것이다. 건축이 예술이냐 아니냐 하는 논란은 해묵은 논쟁이긴 하지만 기실 그다지 오래되지도 않았고, 아마 "살기 위한 기계"라는 저 유명한 모더니즘의 경구가 잘 말해주고 있듯이 모더니즘 건축의 등장 이후에 나타났을 것이다. 그러니까 미처 우리가 건축의 선천성 질환이라고 여기던 병명들에 대해서 역사는 그 병들이 근자에 횡행하게 된 질환들이란 것을 친절하게 설명해준다. 모더니즘 이전으로 돌아가자면 건축이 가지고 있는 한계는 곧 모든 예술의 한계였고, 건축이 예술이 아니라면 이 세상에 예술의 영역은 존재하지 않았다. 그 무한한 건축 예술의 영토를 애써 산업화의 골방으로 갖고 들어온 것이 모더니즘 건축의 공(?)이라면 공이었고 과라면 과였다. 근대 이후 후원자를 잃어버린 여타의 장르들이 예술의 독자성을 추구하며 상업성과의 대립을 통해 점차 예술의 의미를 특수한 것으로 옮겨온 것에 반해 건축은 아직도 후원자가 중요시되며 여전히 일상적인 범주에 머물러 있으면서도 이상하게 대중과 유리되어 있다.[14]

그 이상한 대중성 탓으로 모더니즘 이후 건축의 미덕은 표현이 아니라 공장 생산의 가능성에 초점이 모아진다. 그리고 건축가들은 자신의 정체성을 두고 심한 혼란에 휩싸인다. 즉 산업 사회의 일개 기술자이며 이익 추구를 근본으로 하는 사업가와, 자기 작업의 사회성과 자아 사이에서 고민하는 예술가 사이에서 건축가는 갈피를 잃는다. 건축은 예술이 아니다, 라고 생각하는 사람도 완전히 자신을 예술가가 아니라고 생각하지 못하고, 건축은 예술이다, 라고 생각하는 사람도 완전히 자신을 예술가로 생각하는 사람은 드물다. 건축 영역의 확장과 축소, 이 모두가 모더니즘 이후의 일이다.

---

14) 건축은 후원자, 즉 건축주 없이는 이루어질 수 없는 예술이다. 오늘날 건축은 남(관객, 건축주)의 돈으로 남의 손(시공자)에 의해 이루어지는 유익한 예술이다. 설계 도면이라는 것도 하나의 생각(사유)이라고 할 때 건축가는 쓰지도 않고 만들지도 않는, 생각만 하는 예술가이다. 반면에 건축은 (남의 돈과 손으로) 지어지자마자 건축가의 생각을 배신한다. 생각이 완벽하게 작품으로 만들어지는 예술이 존재할까? 신의 작업을 제외하고……

브리콜라주 —— 상속받지 못한 유산

조병수의 작품이 우리 건축계에 던지는 질문은 무엇일까?
19세기 말부터 건축이 완전히 지난날의 수공예적인 태도를 버리고 공장 생산 체제에 편입되었다면, 미술 역시 같은 길을 걸어왔다고 할 수 있다. 미니멀리즘의 등장이 이제는 예술이 자연을 대체한다고 선언했다면, 팝 아트는 대체된 자연으로서의 예술이 무엇을 모방하고 있는지를 잘 드러내 준다.

산업화라는 소용돌이 속에서 건축의 미래를 눈치챘던 저 영민한 선배들이, 시대의 폐기물로, 혹은 죄악으로까지 여기며 과감히 내다 버린, 결코 물려지지 않고 버려진 유산들 가운데에는 자연을 대체해버린 예술의 '잃어버린 맛'이 뒹굴고 있다. 인상파의 전시회에 가서 "나에게 저 그림들을 주면 마저 다 그려놓을 수 있을 텐데"라고 중얼거렸던 저 소박파 화가 루소를 우리가 '소박파'라고 구분하듯이(여기에는 분명히 약간의, '시대착오'적이라는 의미가 내재된다), 저 집배원 슈발Ferdinand Cheval의 '집배원의 꿈의 궁전'을 앙드레 브르통이 초현실주의 궁전으로 극찬했듯이(여기에는 초현실주의의 불가지적인 절망감이 숨어 있다), 이 조소와 절망감 사이의 긴장이야말로 21세기를 살아가는 우리에게 '물려지지 않

페르디낭 슈발, 「상상의 궁전」, 프랑스, 1924.

은' 유산이다. 그리고 대량 생산과 대량 소비의 시대에 미술과 건축은 이제 공장에서 생산된다.

조병수 건축이 우리 건축계에 던지는 질문은 바로 이것이다. 나는 그의 「평창동 스튜디오」와 「일자집」이 발표되었을 때 우리에게 상속될 수 없었던 그 '맛,' 말하자면 건축의 '손맛,' 그 수공예적인 가치가 쓰레기통에서 뒤적여지는 기대를 거의 도박판에서 배팅하는 심정으로 걸고 있었다. 말하자면 건축에서의 브리콜라주 bricolage를 기대했다는 말이다. 미술에서의 브리콜라주는 1945년 이래 제창되고 있는 반(反)미술, 반프로페셔널리즘 미술 운동을 가리키는 개념이다. 이 브리콜라주는 전통적인 미술의 양식을 파괴할 뿐만 아니라 신문, 아스팔트 등의 온갖 잡동사니를 미술에 활용한다. 말하자면

「상상의 궁전」
페르디낭 슈발이라는 집배원이 33년 동안 우편물을 배달하며 길에서 주운 이상하게 생긴 돌을 모아 건축한 집. 앙드레 브르통은 '아무도 따라잡을 수 없는 건축의 장인'이라는 말로 당대 초현실주의의 경의를 이 집에 바쳤다.[15]

레비 스트로스가 말하듯이 '원시 과학'보다는 '전 prio과학'적인 태도라고 불러야 마땅할 것이다. 이 말을 건축적으로 쓰자면 아마도 'bricolage'라는 명사보다는 'bricoler'라는 동사가 더 적합할 것이다. '브리콜레'라는 동사의 옛 의미에는 공놀이나 구슬치기, 사냥, 승마와 같은 놀이의 개념이 강하게 스며 있다. 따라서 길을 잃는다든가, 어떤 장애물을 피해

---

15) "연감이나 사진집 등에서 본 그림을 바탕으로 지어진 이 집은 그리스, 아시리아, 이집트 건축의 '진정한 기원'에 대한 슈발의 생각을 담아내고 있다. 한편 우리는 여기에서 타지마할, 알제리의 '사각형의 집,' 카이로의 회교 사원, 백악관, 그리고 아마존의 정글을 식별해낼 수도 있다"(로버트 휴즈, 최기득 옮김, 『새로움의 충격』 ㅁ 진사, 1991).

조병수, 「어유지 동산마을」, 파주, 1999.
야트막한 뒷산과 경사진 지붕의 조화를 통해 「어유지 동산마을」은 대지 속에 잠겨 있다. 구릉의 경사는 그대로 유지되고, 집과 함께 그대로 마을로 이어진다.

서 가는 우발성이 강하게 내포된다. 이 말이 '브리콜뢰르 bricoleur'로 정착되면서 오늘날에는 장인과 비교해서 좀 덜 전문적인 '잡역부'의 의미를 포함해서 손으로 무언가를 만드는 데 능통한 사람을 의미하고 있다.

조병수의 작업들은 상당 부분 이런 브리콜라주에 기대고 있다. 그러나 미리 밝혔듯이 이 말을 '장인'적인 수공예와 혼동해서는 안 된다. 이런 '손맛'에 심취한 다른 건축가로 정일교를 들 수 있겠지만 조병수와 정일교의 '손맛'은 분명히 다르고, 또 서로 다른 것이 브리콜라주를 장인적인 것과 구분되게 하는 중요한 요소이다. 브리콜라주는 그야말로 '심취한' 상태이다. 장인적인 집요함보다는 '재미'에 더 빠져드는 것이다. 그렇다면 다시 '잃어버린 유산'은 이미 예술의 속성에 내재되어 있다고 보아야 하며, 그것이 예술의 한 속성을 차지하고 있다고 보아야 한다. 그래서 오히려 내가 이 말을 건축적으로 쓸 때는 장인적인 어떤 속성과 '손맛'에 이끌리는 우발성, 양자를 다 포함하는 의미에서다. 브리콜라주(건축적으로 쓸 때)의 이 두 가지 축, 즉 장인적인 속성은 조병수의 세부 표현[16]을 구성하며, 우발성에 의해 조병수 건축의 유기적인 맥락이 드러난다.

조병수가 목재를 즐겨 쓰는 것도 목재야말로 가장 말랑말랑한 재료이기 때문일 것이다. 말하자면 마음과 손끝에서 이루어지는 연결 고리가 재료에 가장 정확히 전달되는 것이다. 「어유지 동산마을」도 역시 목조로 되어 있다. 그러나 「온수리 우리마을」부터 조병수는 목재에서 목조로 나아가고 있는 것 같다. '나아간다'는 표현이 이 문장의 앞에서 '그러나'라는 접속사로 뭉치고 있듯이 꼭 긍정적인 변화를 의미하는 것은 아니다. 내가 굳이 목재와 목조를 구분해서 쓰는 이유는 '목재'라고 했을 때의 '손맛'을 '목조'라고 했을 때의 단순한 구조 방식과 구별하기 위해서이다. 우리가 흔히 '목조 주택'이라고 말할 때 그것은 손맛과 관계없을 수도 있기 때문이다. 목재에서 목조로 진행하는 조병수의 이 변화를 이끄는

---

16) detail. 건축에서는 흔히 번역하지 않고 '디테일'이라고 쓰지만 나는 단순히 제작을 위한 전 단계로서의 디테일 도면 shop drawing과 분리하고 건축의 개념conception을 이루기 위한 더 자세한 표현이라는 의미에서 '세부 표현'이라고 쓴다.

「어유지 동산마을」 세부

동인은 그렇게 깊이 생각하지 않아도 언뜻 당연하게 여겨진다. 그것은 내가 처음 평창동 작업을 접했을 때의 '배팅하는 심정' 속에서 엇갈리고 있던 반반의 확률 중에서 기대감보다는 불안감이 현실로 나타났다는 의미일 것이다. 그 기대감이라는 것은 '상속받지 못한 유산'에 대한 기대였고, 불안감이라는 것은 산업화된 시스템 속에 이미 편입된 예술로서의 건축이 지금에 와서 그 유산을 되돌려받는 것이 가능하겠는가 하는, 불안감이었다. 그리고 그 불안감대로 조병수는 브리콜라주의 유산을 쓰레기통 속에서 꺼내다 던져버린 것 같다.

그의 작업이 커질수록, 그리고 그가 선택한 재료가 보다 손쉽게 손맛에 전염되지 않는 재료일수록 조병수는 「온수리 우리마을」이나 「어유지 동산마을」에서처럼 체계 속으로 급격히 편입한다. 문제는 체계 속으로 편입하는 데 있는 게 아니라 '급격히'에 있다. 그 '급격히'에는 조병수의 '손맛'과 산업 사회가 채택하고 있는 재료 생산 방식의 극심한 충돌이 자리하고 있는 것이다.

조병수의 목구조는 다분히 미국적이다. 그의 목구조는 평창동에서와 같이 소규모일 때는 구조와 제작의 방식보다는 재료와 시간의 문제에 더 천착한다. 다시 말하면 재료가 가지고 있는 속성을 잘 파악하여 자연의 주기에 맞춰서 선별하여 사용한다는 것이다. 따라서 재료와 손맛이 유기적으로 얽혀 있어 조병수 건축의 공간은 자연히 증식하며 쇠퇴하는 방식을 따른다. 기존의 주택을 개조하여 스튜디오로 꾸민 그의 평창동 작업은 당시만 하더라도 리노베이션에 익숙지 않았던 우리 풍토에 신선한 충격으로 다가온 게 사실이다. 그것은 단순히 리노베이션에 그치는 것이 아니라 살아 있는 집, 유기적으로 증식하는 집에 대한 새로운 감흥을 자아냈다. 그러나 그의 「어유지 동산마을」은 소규모의 클러스터 cluster들이 연결되면서 유기적으로 구성은 되어 있지만 다분히 기능적인 분절에 그치고 있으며, 주외장재로 사용된 더글러스 합판의 이음부를 위한 알루미늄 접합제는 단순한 그리드 라인으로 전락해버리고 말았다. 합판은 모두 못을 버려두고 떠 있으며, 기초 부분의 콘크리트는 합판 안에서의 냉교 현상으로 인해 겨울철 한국의 기후에 물을 죽죽 흘리고 있다.

미국의 목구조는 전적으로 대중화를 지향한다. 숙련된 목수가 아니라도 누구든지 손쉽게 집을 지을 수 있도록 공구를 단순화시키면서 기계화하고, 재료도 아주 정밀하게 규격화되어 있다. 그러니까 장인이 아니라도 어느 정도의 손재주가 있는 브리콜뢰르라면 별로 어렵지 않게 집수리 정도는 물론, 약간의 도움을 받으면 집을 짓는 것도 가능해진다. 역설적으로 미국식 목구조 방식은 산업화된 체제를 이용하여 브리콜라주를 지향하고 있다. 그리고 바로 그 산업화된 브리콜라주의 한계와 조병수의 '손맛'이 「어유지 동산마을」에서 급격히 충돌하고 있는 것이다. 「어유지 동산마을」의, 얕은 산으로 둘러쳐진 대지의 조건을 그대로 수용하여 방과 방들을 분절하고 그 분절된 덩어리 mass를 다시 경사진 갈바륨 지붕으로 묶어주면서 자연스럽게 중정을 둔 배치는 조병수가 이전까지 보여주었던 그 '손맛'의 궁극이 어디에 있는지 능히 짐작하게 하는 대목이었지만, 그의 주된 장기인 '손맛'이 곳곳의 세부 표현에서 허무하게 실패하는 것은 조병수 식 브리콜라주의 한계가 분명하다. 그의 '손맛'은 분명 자연의 조건, 그리고 시간이라는 문제와 동떨어지지 않는다고 할 때, 「어유지 동산마을」의 단위 평면들도 무리가 있다. 나는 언젠가 「온수리 우리마을」이 발표되었을 때 조병수의 작업은 스튜디오와 멀어지면 멀어질수록 질이 떨어진다고 농담처럼 말한 적이 있다. 그것은 "내 손이 내 딸이다"라는 우리네 속담과도 멀지 않은 그의 손맛에 대한 경의이자 브리콜라주의 한계를 가리킨 말이었다. 왜 맛있던 음식점에 손님이 많아지면 맛이 떨어지는 걸까?

죽음의 의지와 수평선의 이미지 —「강변교회」

유걸은 충실한 모더니즘의 하수인이다. 나는 그의 작품을 보면서 그것이 학교든 교회든 간에 공장 같다는 생각을 했다.[17] 스틸 파이프 계단 난간들의 수평적 이미지가 중첩되는 듯한 첫인상의 출입구는 「밀알학교」와 「강변교회」에서 반복적으로 사용되고 있다. 단지 「밀알학교」의 스틸 파이프의 인상이 가파른 경사로를 극복하기 위한 램프의 상승감을 주고 있다면 「강변교회」의 인상은 지하 마당 sunken[18]을 위해 하향적이라는 점이 다르다면 다르다. 굵은 스틸 파이프 난간과 노출된 설비 라인들, 그리고 수평적으로 얇게 찢어놓은 창틀의 모듈들은 모두 유걸의 선(線) 이미지를 강화시키는 데 한 몫하고 있는 요소들이다(그래서 '야곱의 사다리'는 「강변교회」의 사족이다).

유걸의 수평적 선은 그래서 지평선보다는 수평선의 이미지에 가깝다. 그러니까 그의 작업은 한 척의 철선이다. 배는 가장 고독한 공장이다. 거기에는 표류와 막막함과, 그리고

---

17) 사실 모더니즘 건축은 창고 건축과 공장 건축에서 시작한다. 산업 혁명 이후 도시와 도시를 연결하는 전대미문의 인프라(철도)가 등장하면서 석탄과 같은 에너지원들이 대량으로 도시에 유입되었고, 그것을 보관하는(안에는 아무것도 없이 텅 비어 있고, 삶의 상징들로 이루어진 장식은 극단적으로 배제된, 사람이 거주하지 않는) 창고라는 건축 형식과, 사람이 아닌 기계가 주가 되는 공장이라는 건물이 주는 말할 수 없이 간단한 형태는 당시의 사람들에게 하나의 충격이었고, 채플린 영화의 공포가 보여주듯이 괴기스러운 것이었다. 그리고 거기에서 모더니즘의 선구자들은 미래를 결정하는 새로운 삶의 방식을 보았던 것이다.
18) 선큰 sunken. 지하 정원이라고 번역되지만 엄밀하게는 지하에 빛을 주기 위해서 지상과 연결되는 지하 마당을 가리킨다.

무엇보다도 죽음이 있다.

공장은 산업화의 산물이고 '살기 위한 기계'는 사실 공장을 지칭하고 있다. 다만 공장의 그것이 수직적 이미지를 갖고 있다면 유걸의 선들은 거의 예외 없이 수평적이다. 그리고 그 외관의 전체적인 이미지를 보라. 거기에서는 수평적 요소들이 감쪽같이 사라져버리고 잔 수직선들이 촘촘히 강조되어 있다. 이건 또 무엇을 말하는가? 이 부분에서 유걸이 사용하고 있는 창의 자리에 대해서 짚고 넘어가야 한다.

유걸은, 창이란 외부를 향해 있어야 한다는 사실에 명백한 위배를 가하고 있다. 아니, 그의 창도 외부를 향해 있다. 단지 외벽에 봉사하지 않는다는 것이 다르다면 다르다. 그로 인해서 그의 벽이 겹겹이 쳐져 있다는 말은 틀린 말이다. 유걸에 관해서는 창들이 겹겹이 나 있다고 말해야 한다. 따라서 빛도 겹겹이 동일 선상에서 켜를 이루고 있다고 말해야 한다. 그러니까 수직선으로 강조된 그의 외관은 내부 선들의 수직적 중첩을 감싸기 위한 껍질이다. 내부의 수평적 선들이 수직적으로 연결되면서 이루어지는 높이를 자연스럽게 수직적으로 포장하는 것이다. 이런 형태는 말 그대로 화물선이다.

망망대해에는 두 가지 푸른색이 있다. 바다와 하늘. 「밀알학교」와 「강변교회」의 지붕창은 전적으로 이 두 가지 이미지를 위해 뚫려 있다. 어쩌면 그의 평면 구성은 기능적이 아닌지도 모른다. 다만 우리가 갖고 있는 공장 건물에 대한 선입

유걸, 「강변교회」 내부, 서울, 1998.
회중석 전체의 지붕은 모두 투명한 유리로 덮여 있다. 보통 어둠과 빛의 이분법적 구도로 드라마틱한 신성을 강조하는 방법과 달리 유걸은 하나의 빛으로 그노시즘적인 지(知)를 추구하고 있다.

견과 유걸의 선 이미지가 그의 평면 구성을 상당히 기능적인 것처럼 보이게 만들 수 있다. 대체로 그의 공간은 크게 두 가지로 나뉜다. 앞서 이야기한 화물선의 이미지를 위해 커다란 트임이 있는 공간과 그렇지 않은 공간이다. 이 단순한 구분에서 그의 평면은 시종일관 이를 견지한다. 그리고 성공적으로 그 두 가지 공간을 마무리해낸다. 이 단순함을 잡티 하나 묻히지 않고 끝까지 유지한다는 것은 우리 건축계에서는 드문 예이다. 어쩌면 예술가로서의 건축가를 스스로 거부하고 있지 않나 하는 생각이 들 정도로 그는 철저히 그 단순성을 이끌고 간다. 아니면 그는 모더니즘의 초기 선배들이 했던 예술의 의미로서의 일상성을 곱씹는 드문 건축가인지도 모른다.

'살기 위한 기계'란 결국 일상성이고 일상성은 결국 죽음의 문제이다. 그렇기 때문에 그의 작품이 배의 이미지를 띠고 있다는 것은 의미심장하다. 나는 그의 단순한 공간 설정이 정말 나의 가설대로 궁극적으로 죽음을 다루고 있는지 아직 확신할 수 없다. 그러나 「밀알학교」와 「강변교회」를 보면서 분명한 확신이 들기 시작했다. 이 작가는 분명 죽음의 의지에 이끌리고 있다는.

그러나 유걸은 살아 있다. 죽음에 무한히 접근해가는 삶이라고 할 때 그 근접이 주는 공포를 견디는 방편에는 다른 삶을 살고자 하는 욕구가 따른다. 이 욕구는 때로는 착란으로 때로는 생의 다른 이면으로 인간을 천착하게 한다. 김헌의 병리는 아마 거기에서 기인할 것이다.

피핑, 노출증, 분열증 ─ 「세렌디피티」

김헌은 가장 분명하게 지난 과거와 과거의 세대들과의 의식적 단절을 통해 자신의 건축적 어휘를 정의하고자 하는 건축가 중의 하나이다. 일산에 세워진 그의 옹성을 보면서 나는 그를 무엇이라고 불러야 할지 고민했다.

그렇다면 김헌은 어디에 위치할까?「세렌디피티 Serendipity」라는 집의 테마가 보여주듯이 김헌은 언어가 가지는 구축적 힘에 지배당하는, 지배당하고 싶어하는, 작가임에 틀림없다. 확실히 그의 작업은 지적이라기보다는 병리적이다. 벽체는 파편화되어 있고, 공간은 단편적으로 나름의 질서를 가지고 뿌려져 있다. 그의 공간이 마구잡이로 흩어져 있지 않다는 사실이 나로 하여금 그의 건축적 병력에 대하여 안심하게 만들었지만 결국 그의 공간은 시선에 의해서 꿰어지는 피핑 peeping에 봉사하고 있었다. 그의 건물은 중세의 성처럼 단단한 콘크리트 덩어리로 요새화되어 있지만 요소요소에 '엿봄'의 장치들이 고안되어 있다. 가늘게 찢어진 외벽, 반투명 유리담, 문을 열면 내부를 들여다볼 수 있게 설계된 우편함. 그리고 이런 장치들이 내부에서 외부를 피핑하는 '구멍'이 아니라 외부에서 내부를 피핑하는 '구멍'이라는 것에 「세렌디피티」의 반전이 있다. 피핑은 원래 밖에서 안을 들여다보는 데 더 큰 쾌감이 있다. 따라서 김헌의 외부에서 내부를 향한 피핑은 (정상적 병리란 의미에서) 별로 그 에너지가 크지 않다. 그러나 그 구멍의 장소가 콘크리트라는 물성과 충돌하면서 김헌의 피핑은 반전을 얻어내는 데 성공한다.

정상적인 피핑의 방향을 유지하면서, 요새화된 외벽의 물성을 오히려 반대항에 동조하게 만든다. 외부의 시선으로부터 두껍게 보호받고 있던 내부가 피핑을 자극하고 벽체들은 시선에 의해 가늘고 좁게 찢겨진다. 그런 「세렌디피티」의 관음증은 우편함에서 절정에 이른다. 우편함의 안쪽이 집의 내부에 의해 완전히 노출되어 있고, 외부에 의해 의외의 피핑 욕구를 자극받게 되어 있다. 그러한 노출증과 피핑의 교차는

김헌,
「세렌디피티」,
일산, 1998.

「세렌디피티」
「세렌디피티」는 요새와 같다. 이것은 개인주의에 대한 옹호인가? 야유인가?

외부와 내부의 관계에서만이 아니라 내부의 부부 화장실과 텔레비전 시청실에서도 나타난다. 시청실에서 부부 화장실의 시선은 몇 개의 격자에 의해서 완벽한 원근법으로 시선을 유혹하고 있다.

사실 이 집은 우연성에 기인한 공간이라기보다는 돌발적이다. 그 돌발성이 피핑을 유도한다. 우연은 죽음의 의지를 통한 삶의 긍정이다. 신은 죽었다. 그러면 무엇이 우리의 삶을 이끌 것인가? 우연은 이러한 인식에서 출발한다. 이 물음 앞에서 김헌의 「세렌디피티」는 새로운 통합 이론을 향해 나아간다. 그러나 김헌의 돌발성은 '견물생심'의 돌발성이다. 거기에는 우연의 '장면scene'을 이끄는 지적 체계보다는 즉물적인 유혹이 있다. (건축가가 이것을 의도했는지는 모르겠지만.) 그래서 「세렌디피티」는 차갑지 않고 따뜻하며 재미있다. 마치 어린아이의 장난감 큐브처럼 분절되어 있고, 공간의 차단과 유입이 제멋대로 제각각이다. 그래서 그건 우연성과는 거리가 멀다. 체계 없이 돌발적이다. 그래서 그의 집에서는 지적인 체계보다는 그의 건축적 병력이 더 잘 드러난다.

그럼에도 불구하고 그의 피핑은 성적이지 않다. 단순한 호기심으로서의 엿봄이다. 그래서 그의 병력에 더 의심이 간다. 이자는 의사(擬似) 환자가 아닐까? 정신병으로 치자면 분열증이 최고다. 다중 인격은 얼마나 드라마틱한가?

건축의 방식 ―「부평순복음교회」

그렇다면 함인선이 철골을 선택한 이유도 그것에 대한 탐구와 무관하지 않을 것이다. 잘 알려져 있다시피 함인선은 철골조를 트레이드마크처럼 달고 다닌다. 그가 보여준 몇몇 작업들과 공식적인 그의 발언들을 통해 자신의 작업을 짧지 않은 시간에 건축계에 각인시켰다. 이를테면,

도시 이야기 할 때 건물이 제일 신경 써야 되는 게 '컨텍스트'입니다. 하지만 과연 '텍스트'와 '컨텍스트'라고 이야기할 만한 컨텍스트가 과연 있습니까? 다시 말해서 아예 도시에서의 컨텍스트 자체는 그만두고라도, '텍스트와 컨텍스를 이야기할 만한 논의 구조라는 컨텍스트'조차 있느냐라는 생각이 들기 때문에 '컨텍스트' 자체를 다시 생각하는 것이 오히려 더 정직한 대응 방법이라고 생각합니다. 우리가 '컨텍스트'라고 이야기하는 것은 결국 개체와 전체의 문제입니다. 텍스트와 컨텍스트의 문제는 항상 개체가 개체적으로만 존재하는 것이 아니라 전체 가운데에서만 개체가 의미가 있는 겁니다. 그리고 그 개체라는 것을 전체하고 분절시켜서 단절화시킨 것이 소위 서양의 합리주의이고 그 합리주의에 근거한 과학 사상에 의해서 부분과 전체는 항상 대립적이고 개체가 전체로부터 독립되고 해

방되는 것만이 유일한 선이라는 식으로 합목적적으로 살아왔
다는 거죠.

라고 말할 때의 함인선은 컨텍스트의 문제를 아예 '시간'이
라는 문제로 치환해서 본다. 그리고 거기에서 철골이 가지는
한시성이 나오고,

　　구조가 타당한 이유가 한두 가지 있을 것 같아요. 하나는 건
　축 미학적인 입장의 문제죠. '장식 자체는 비도덕적이다.' '정
　직한 구조가 미적으로도 아름답다.' 이런 미학적인 입장이 하나
　가 있을 것이고 '상황'이란 문제가 있을 것 같아요.

라고 이야기할 때의 그는 절제를 순수 미학적인 차원에서 사
회 경제적인 합리의 문제로 가져온다. 그래서 체계가 중요해
진다.

　　제가 설계한 가로 건축물들이 왜 스트럭처만 남기고 안을 다
　비웠느냐? 그건 이거예요. 건축가라고 하는 사람은 건축물이
　자기 분신이라고 생각을 한다는 말입니다. 말하자면 자기 혼이
　들어간 하나의 작품이라고 생각을 합니다. 그러면 그 작품이라
　고 생각을 하는 순간에 그 건축물은 자기 자신의 자생력을 가
　지는 게 아니라 건축가의 의지의 표상이 돼버려요. 〔……〕 그

래서 제가 입면을 포기한 겁니다. 입면을 포기하고 시스템을 들여놓은 겁니다. 그다음에 왜 다 흰색만 썼나? 색도 안 쓰겠다는 겁니다. 가로 건축에 관한 한 제가 그런 이야기를 하는 건 하나의 비평 행위를 하는 겁니다. 입면이라는 것이 건축가의 제일 중요한, 자기 목숨보다도 중요하다고 생각하는 태도에 대한 비평을 하는 겁니다.

다소 인용이 길어졌지만, 이렇게 길게 인용하는 것은 건축가의 논리와 작업 간의 괴리를 메우기 위한 내 나름대로의 고육지책이다. 왜냐하면 내가 보기에 그의 논리는 다소 비약이 없지 않지만 그 비약 안에서 지극히 논리적이다. 함인선은 일반적이고 보편적인 건축의 문법으로 작업하는 것이 아니라 다른 문법을 쓰고 있다. 그가 선택한 철골이라는 재료는 지극히 평범한 것이지만 그 재료를 대하는 그의 논리는 독특한 사고를 바탕으로 한다. 그리고 그 사고는 그의 작업과 무관하다. 그의 건축의 문제는 여기에서 생긴다. 흔히 언행일치를 지고의 선으로 생각해온 우리의 사고방식대로라면 그의 작업은 일반적인 철골의 단순한 사용법을 따르고 있고 그 때문에 비난의 여지 또한 충분하다. 「부평순복음교회」에서 그의 논리를 읽어내기란 지극히 어렵다. 어쩌면 그는 철골의 혐오감을 더 극대화(의도적인지 모르지만, 그렇게 읽혀지지는 않는다)시켰는지도 모른다.

그러나 건축은 문화, 사회, 경제적인 논리에 복무해서는 안 된다. 여기에서 건축 방식의 문제를 다시 생각해야 하고, 재료가 가진 속성의 문제를 짚고 넘어가야 하며, 그 재료가 '되고자 하는 바〔物性〕'를 생각해야 한다. 과연 함인선은 문화 사회학적 문제를 넘어서, 재료 구조적인 문제에서 철골을 제대로 인식하고 있는가(여기에서 재료 구조적인 문제란 철골의 일반 디테일을 따지는 것이 아니라는 것쯤은 설명할 필요가 없을 것이다)?

단적으로 말하자면, 함인선의 「부평순복음교회」 자체는 논의의 대상이 될 수 없다. 건축은 보여지는 실재가 전부는 아니다. 그렇다고 말해지는 논리가 전부일 수도 없다. 건축의 담론은 논리와 실재를 통해서 이루어진다. 아니면 철저한 과학적 가설로 이루어진다. 여기에서 가설은 완벽한 가설의 '체계'를 전제로 한다. 이것이 바로 '종이 건축'도 건축일 수 있는 이유이고 건축의 문법이 이루어지는 요지이다. 그래서 비평의 대상에는 분명한 문법이 존재해야 한다. 그것이 기존의 문법이든 전혀 새로운 문법이든 간에, 어쨌든 비평의 텍스트는 건축가의 작품과 '사고'이지 건축가의 '논리'만은 아니기 때문이다. 내가 보기에 함인선은 펑키이다. 그러나 펑키의 자멸을 과감히 취할 수 없는 지적인 펑키이다. 「부평순복음교회」는 그저 철골조 건물이었다. 우리가 '건축'이라는 단어에 좀더 무게를 싣는다면 그의 작업은 '건물'이다. 그가 이 말을 받아들인다면 나는 다시 「부평순복음교회」를 꼼꼼히 읽어봐야 한다. 그리고 그 전에 함인선은 그의 논리를 다시 직조해야 할 것이다.

말의 성찬마저 귀한 우리 건축 현실에 함인선은 귀한 존재임에 틀림없지만 「부평순복음교회」의 철골은 마치 함인선의 논리를 위해 실제적인 건축의 조직과는 아무 상관 없이 억지스럽게 얽혀 있다. 마치, '나는 철골을 쓴다'라고 외치고 있는 듯이 보였다. 그의 건물이 건축이 틀림없다면 그는 하루빨리 자신이 구축한 철골의 허위의식을 벗어던지고 정말 철구조를 통해 이루어지는 건축의 방식을 보여주어야 한다. 철골의 손맛을 통해 철골의 체계를 이루는 것, 그것이 건축의 매력이 아닐까?

건축의 사투리 ─ 「동우 컨트롤밸브 공장」

교회를 철골로 쓴 것과 공장을 철골로 쓴 것에는 분명 차이가 있다. 그런데 보편적인 건축의 재료라는 점에서 보면 차이가 없어야 한다. 단지 공간과 재료의 적합성이 있을 뿐이다. 그러니까 철골이 무조건 공장에 잘 맞는 재료라는 말은 틀리다. 철골의 물성을 이해하지 못하면 공장이나 창고에서도 철골이라는 재료는 공간과의 적합성을 잃고 만다. 김효만의 「동우 컨트롤밸브 공장」은 철골의 화려함을 보여준다. 「에펠탑」조차도 그것이 지어진 초기에는 '흉물'로 회자되었으며 지금까지도 그런 선입견이 여전히 존재하는 상황에서 화려한 철골조 운운하는 것이 좀 이상하다고 생각할지 모른다. 그러나 흉물스러운 대리석 공간이 존재하듯이 화려한 철골 공간 역시 얼마든지 가능하다.

「동우 컨트롤밸브 공장」은 그런 철골 공간의 단순성과 그 단순한 공간들의 수직 수평적 교차로 우리에게 상큼한 감동을 준다. 이런 공간의 교차로 말하자면 그 수직적 쾌감을 장기로 하는 이종호가 있지만 김효만은 훨씬 다의적이다. 김효만과 이종호를 비교하자면, 이종호가 그 특유의 느린 걸음으로 자신의 모순을 정연하게 보여주는 한편, 김효만은 있는 그대로의 모순을 혼재시켜서 보여준다. 매력이라는 것이, 참 이상해서 이종호의 정연한 모순도 좋지만 김효만의 혼재된 매력도 감칠맛이 있다.

나는 일산에 살고 있어서 김효만이라는 이름 석 자를 알기 전부터 그의 「학익재(鶴翼齋)」를 눈여겨 보아두었었다. 그러니까 「학익재」는 김효만이라는 작가의 이름과는 상관없이 나에 의해 '찜'당했다는 말이다. 이러한 아두 사전 지식 없는 순수한 '찜'은, 건축을 하고 있고 또 그에 대한 비평을 겸하고 있는 나 같은 사람에게 대충 두 가지 즐거움을 준다. 하나는 그 작가를 나중에 알고 났을 때 느끼는 스스로의 안목에

김효만, 「동우 컨트롤밸브 공장」, 화정, 1999.

대한 감탄(?)이고, 다른 하나는 내 비평의 리스트에 아무 선입견 없이 좋은 작가 하나를 마음속으로 등록했다는 뿌듯함이다. 당연히 나는 「학익재」에서 보이는 개념의 명쾌함(주거 공간과 대지의 수직적 조응과 신도시의 새로운 도시적 맥락을 제안했던 수평적 관계망)과 홍대 입구에 서 있는 「남강빌딩」의 실패(대지를 읽어내는 데에는 성공했지만 그 성기고 허술한 의미망과 쑥스럽게 드러난 조잡한 건축적 내용물들)를 가지고 그의 「동우 컨트롤밸브 공장」을 읽었다.

그러니까 「동우 컨트롤밸브 공장」으로 「학익재」와 홍대 입구에 있는 빌딩의 성공과 실패를 정리해보고 싶었던 것이

「동우 컨트롤밸브 공장」, 사무동

공장동과 사무동은 완전히 분리되어 있고 가교로 연결된다. 공장동은 밝고 환한 트임을, 그리고 사무동은 수직, 수평의 트임을 교차시키면서 복잡하게 어우러져 있다. 빛은 그 사이로 강한 존재감을 나타내면서 인공적인 구조물들을 연결시킨다.

다. 가장 단순한 기능만을 담아내야 하는 공장의 특성상 무언가 그만의 사투리가 진액처럼 녹아 있으리라고 기대했던 것. 그 개인적인 사투리가 그가 일산에 살든, 홍대 입구에 살든 간에 일관되게 그의 어투에 배어 있을 것이라고 기대했다는 말이다. 마치 고향 사람을 만나면 어떤 가증스러운 사람도 그만의 사투리가 튀어나오듯이 말이다.

그리고 거기 「동우 컨트롤밸브 공장」에는 (순수한 사투리의 원형이 구축되어 있지는 않았지만 어느 정도) 김효만의 사투리와 이상한 표준말이 혼재되어 있었다. 즉슨, 사투리는 스스로의 사고와 언어를 어법 parole화하는 것이다. 오늘날 한국에서 활동하는, 제정신이 있는 건축가라면, 이제 공장을 일만 죽도록 해야 하는 「모던타임스」의 공간으로 생각하는 사람은 한 명도 없을 것이다. 그런 의미에서 「동우 컨트롤밸브 공장」의, 일만이 아닌, 일하는 사람들을 위한 여러 가지 배려는 사실 새삼스러운 일이 아니다. 그리고 건축주를 설득해서 그것을 구현했다는 것 또한 별 대단한 일도 아닌 것이다. 건축은 건축가의 생각과 말이 아닌 건축의 문법과 언어로 이루어져야 한다. 그렇다면 그런 기본적인 칭찬은 삼가는 게 독자들에 대한 예의일 것이다. 나는 「동우 컨트롤밸브 공장」의 내용을 감싸고 있는 단순한 박스 형태의 사투리에 뚫린 그의 이상스러운 표준말인 창과 색을 끝까지 이해하지 못했다(이상하다 표준말을 이해하지 못하다니). 대신, 공장동과 사무동에서 외부 공간을 거쳐 공장동의 중층으로 연결된 공중 보도라든지, 사무동의 수직적 상승감을 은색의 메탈과 철골 부재를 잇는 볼트의 강인함으로 표현하는 데 그치지 않고, 크고 작은 연결 보도와 내외부 계단으로 수직 수평적 조화가 재미를 주는 사무동의 내부 공간이 강하게 마음을 끌었다. 평면을 보자면 단순한 박스에 원형의 방과 사무실과 화장실을 연결하는 브리지들이 입체적으로는 복잡하게 그러나 평면상으로는 단순하게 반복되어 있다. 이 복잡함과 단순함은 흡사 이종호의 정연한 평면을 연상시키는데, 이는 그가 실과 실들을, 내용과 내용들을 연결하는 데 중점을 둔 게 아니라 공간을 펀칭 punching(이종호의 경우는 오프닝 opening)해내는 데 중점을 두었다는 증거이다. 그것이 아니라면 사무동의 단순한 박스 형태는 의미가 없어진다. 이것은 「학익재」에서도 마찬가지로 보이는 김효만의 수법이다(방법이 아니다). 김효만은 이 펀칭의 수법으로 내부를 얻는 대신 외부를 잃고 있다(건축적 방법이 개념을 잃을 때 건축적 수법으로 떨어지고, 건축적 수법이 지향점을 잃을 때 단순한 감각으로 타락한다).「학익재」에서, 옆 필지와 관계를 맺는 데 실패한 것을 볼 때, 그래서 「동우 컨트롤밸브 공장」에서의 사무동과 공장동을 잇는 연결 보도가 무엇보다도 내겐 하나의 가능성으로 비친 것이다. 그 수평적 연결이 오히려 수직적 펀칭을 강조하고 있다.

윤회하는 길들 ─ 「임거당」

그 가능성이 다시 「학익재」가 있는 일산에서, 그것도 「학익재」와 멀지 않은 곳에서 현실화된 것은 아마 3년 뒤쯤인 것 같다. 이제 일산은 세기말 한국 건축의 중요한 무대가 되고 있는 듯하다. 신도시 개발 초기에 우후죽순으로 생겨나 자못 걱정스럽던 국적 불명의 수입 설계도에 의한 주택군들이 이제는 어느 정도 시간의 때를 타면서 초기의 난장을 접어가고 있고(이 풍토의 위대함!), 그 난장의 어느 시기에 젊은 건축가군들이 하나 둘씩 자신의 작업들을 조용히 펼쳐나가기 시작했다. 그중에서도 특히 사십대 건축가들의 장이 되고 있다는 느낌이 강한데 아마도 이것은 일산에 사는 거주민들의 세대 구성과 무관하지 않을 것이다.

정일교, 임재용, 김헌, 김효만 등의 사십대 건축가들이 일산을 중심으로 펼쳐나가는 작업들은 가히 변화하는 한국 건축의 방향을 짐작하게 한다고 단정해도 큰 무리가 없지 않을까 싶을 정도로 그 변화의 폭이 4·3그룹으로 대표되는 앞 세대들의 작업들과는 확연히 구분된다. 우선 그들의 작업은 앞 세대와는 달리 모더니즘의 부채에서 훨씬 자유로워졌고, 전통에 대한 해석에 있어서도 교조적이지 않다. 이러한 차이는 아마도 그들이 공유했던 '낀 세대'로서의 자유로움과 그리 크게 멀지 않을 것이다. 끼어 있는 세대로서의 정체성의 부재는 세대 간의 결속을 느슨하게 했지만 그것 때문에 오히려 개체적인 자존이 중요하게 취급되었고, 세계의 다양성을 인정하지 않을 수 없게 한 측면이 있다. 그들의 작업에서 보이는 의미의 혼재, 분석적 성향, 강한 실험성 등은 '낀 세대'들의 세계관을 엿보게 해주는 예이다.

그중에서도 김효만은 「동우 컨트롤밸브 공장」이나 「학익재」에서 보여지듯이 대지 내에서 구축되는 구현물로서의 건축보다는 대지 내에서 구축되는 몇 개의 보이지 않는 매스〔punching〕를 중심으로 보이는 덩어리 mass를 다듬어나가는 독특한 작업 방식을 보이고 있다. 「임거당(林居堂)」은 아마도 그런 김효만의 방식이 거의 집약적으로 이루어진 예가 아닌가 한다.

이 집에는 커다랗게는 세 개의 보이지 않는 덩어리가 존재한다. 첫째는 마당에서 지하를 향해 파 들어간 덩어리가 있고 두번째는 중정을 비워둔 덩어리이고, 세번째는 거실을 중심으로 보이드된 덩어리이다. 이 세 개의 덩어리는 각각 '파

김효만, 「임거당」 마당, 일산, 1999.
임거당의 마당은 매우 다양한 표정을 갖고 있다. 또 그만큼 과도하다는 인상을 지울 수 없다.

들어가' 있고, '비워져' 있고, '뚫려' 있다. '파 들어가' 있고, '비워져' 있는 것은 외부이고, '뚫려' 있는 것은 내부이다. 그러나 다시 이 보이지 않는 덩어리들이 보이는 매스에 의해 구현되는 과정에서 '파 들어가' 있는 것은 '솟음'으로, '비워져' 있는 것은 '둘러싸여'져서, '뚫려' 있는 것은 '내려앉아' 있음으로 변환 과정을 겪게 된다. 따라서 처음에는 외부였던 두 개의 보이지 않는 덩어리들이 '파 들어가' 있는 덩어리는 '경계'의 의미로, '비워져' 있는 덩어리는 '내부'로 수용된다. 그리고 마치 에스헤르Maurits C. Escher의 판화 같은 계단으로 이루어진 길들이 이 세 개의 보이지 않는 매스들을 이리저리 연결해낸다. 그 길들은 마치 '제 꼬리를 입에 문 뱀'처럼 그 계단이 계단의 꼬리를 물고 돌아가고 있다. 그 윤회하는 계단은 처음부터 이 공간에서 분명한 것은 아무것도 없다는 듯이, 보이지 않는 세 개의 매스들을 흩뜨려놓는다.

김효만의 이런 비확정적인 어휘들에 대한 단서는 「학익재」에서 이미 잡힌 적이 있었고, 「동우 컨트롤밸브 공장」에서 번복되는 듯이 보이다가 「임거당」에서 봇물 터지듯 쏟아진 것 같은 인상이다. 이 과도하게 혼재된, 윤회하는 계단들은 처음부터 딱히 길이라는 기능을 염두에 두었다기보다는 하나의 고리로서 읽힌다. 이 고리들이 꿰고 있는 각각 다른 성격의 공간들은 이 윤회하는 계단들로 인해 자체로 움직이고 있는 것처럼 보인다. 그것은 김효만이 의도한 출입구에서

에스헤르, 「폭포」(석판화), 1961.
에스헤르는 펜로즈의 삼각형 두 개를 합성해서 현실에서는 불가능한 형상을 만들어냈다. 폭포의 물줄기를 따라가다 보면 우리는 어느새 같은 곳을 맴돌고 있다는 사실을 깨닫게 된다.

부터 집의 내부로 이어지는 시퀀스에서 분명하게 나타난다. 그러나 그러한 의도는 여지없이 깨지고 만다. 왜냐하면 이 집의 실질적인 출입구는 이미 마당에서의 진입으로 바뀌어졌기 때문이다. 진입이 마당에서 이루어지면서부터 이 집의 보이지 않는 세 개의 매스들은 드디어 움직이기 시작한다. '비워져' 있던 것이 2층의 미음자 형태의 길을 통해 거실로,

「임거당」 현관
마당을 갖고 있는 집의 '현관'은 상징적일 수밖에 없다. 「임거당」은 마당을 통해 자유로운 진입을 갖는다.

마당으로 이어지고, '뚫려져' 있던 것이 정자로(이 집에서 정자는 사족이다), 2층의 미음자 길로 다시 이어진다. 만약 이 집이 건축가가 의도한 대로 정상적인 출구로 진입이 이루어졌다면 이런 생동감 있는 연출은 이루어지지 않았을 것이다(항상 건축을 최종적으로 완성시키는 건축가는 그 집에 사는 사람이다).

이러한 혼재된 공간의 성격들은 내부의 방에서도 나타난다. 「임거당」의 실의 구분은 분명하게 이루어져 있지 않다. 가장 정적인 지하의 손님방과 주인 서재도 서로 마주 보고 있으면서 우물마루로 이어져서 그 정적을 더함과 동시에 실을 구분 짓고 있다. 2층의 방들은 더하다. 화장실과 옷장들은 통로로 나와 있으며 방은 통로와 구분 없이 다른 길들과 다른 방으로 이어져 있다.

그럼에도 불구하고 이 혼재가 마냥 상쾌하게 다가오지 않는 이유는 무엇일까? 혼재되어 있고 모호하다고 해서 산뜻하게 느껴지지 말라는 법은 없다. 그렇다면 그 이유는 외부 공간, 즉 마당에 혐의를 두어야 한다. 정자, 특히 연못은 김효만이 둔 「임거당」의 악수(惡手)이다. 이 악수가 출입구가 변하면서 더 도드라진 부분도 물론 있지만, 그렇다 하더라도 연못과 '뚫려져' 있는 지하 정원은 아무래도 마당의 의미를 약화시킨다. 극단적으로 말하면 이 집에서 다당의 존재는 없다고 말해도 좋을 정도이다. 그런 마당의 존재를 되살린 것은 오히려 바뀐 출입구이고, 정원에 대한 「임거당」 주인의 애정이다. 건축의 완성자로서의 거주자가 돋보이는 대목이 아닐 수 없었다. 어쨌든 김효만은 이 집에서 그가 지속적으로 보여주었던 어떤 화두를 완성한 듯이 보였다. 이제 그는 어디로 갈 것인가? 한 건축가의 다음 행보가 궁금해지는 것은 건축을 읽는 자에게는 아무래도 기분 좋은 일이다.

나에게는 아직도 한국 건축의 여러 방법들 중에서 이들을 탈모더니스트들이라고 부를 용기가 없다.[19] 왜냐하면 아직도 그들은 부분적으로 전 세대의 특권에 기대고(거듭, 모든 위대한 정신은 모든 위대한 기대기에 힘입고 있다) 있으며 완전한 독립을 꾀하고 있는 김헌과 김효만의 경우에도 그것은 유효하다. 이종호의 수용주의적인 태도도 아직은 미지수이며, 유걸의 입장은 내 독법과는 오히려 상반될 수도 있다. 그러나 모더니즘 이후의 건축이 표방하는 특정한 이론이나 이데올로기를 배제하고 직관적인 적응을 중시한다고 할 때 다시 김헌은 내가 쳐둔 그물에서 빠져나가고 이종호는 여전히 걸려 있다. 김효만의 분방함 속에서 보이는 질서와 유걸의 질서는 근본적으로 다르다. 질서로 이야기하자면 이종호는 다

---

19) 포스트모더니스트라고 부를 용기는 더더욱 없다. 왜냐하면 아직도 이들의 작업을 양식화해서 부르기에는 우리 건축의 층위가 너무 얇기 때문이다.

시 빠져나간다. 그렇다고 이들을 상황주의자들이라고 부르기도 어렵다. 분명히 그들은 모더니즘의 이상을 고수하려고 하기 때문이다. 어쩌면 상황주의라는 것은 어떤 양식이 아니라 건축이 가지고 있는 한 속성을 가리키는 말인지도 모른다. 건축을 억압하는 사회 경제적 토대를 인정하되 건축적으로 그 힘의 중력과 무관하게 이루어지는 것. 건축가가 내세우는 이론적 근거와 역사적 토대보다는 개인으로서, 점점 더 사소해지는 건축의 모습 같은 것. 그래서 더 자유로워지는 건축을 생각한다. 자유롭게, 더 자유롭게. 자유로운 건축을……

모더니스트들

 가장 위대한 건축은 아무것도 건축하지 않는 것이다. 그런 의미에서 조물주는 가장 위대한 실패자다. 이제까지의 건축은 그 무한한 건축적 열림의 능력으로 인해 그만큼 축소되어 생각되어온 것이 사실이다.[20] 사실 건축을 종합 예술이라고 칭하는 것을 나는 별로 달갑지 않게 받아들인다. 왜냐하면 예술이란 어차피 철저하게 혹은 처절하게 인간의 몫이기 때문이다. 그러나 건축은 근본적으로 자연의 것이고 좀더 종교적 입장에 서게 된다면 그것은 틀림없이 신의 것이다. 인간을 위한 건축이라는 인본주의적 오류가 건축을 인공으로 만들었다. 그리고 그것은 또한 모더니즘의 오류이기도 했으며 또한 현대 건축의 지울 수 없는 문신이기도 하다.

---

[20] 과거의 건축은 종합 예술이거나 적어도 예술을 담는 그릇이 없었다. 예술의 자율성이 논의되면서 다른 모든 예술들은 그 영역을 독립적으로 그리고 독립적인 영역 안에서 더 넓게 만들어나갔는데 건축은 거꾸로 예술의 자율성이 얘기되거니와 공학적으로 전락했고, 지금의 사정은 예술인지 아닌지도 모호해져버렸다.

포스트모던 클래시시즘과 성리학

그렇다면 이 시점에서 한국 전통 건축이 기대고 있었던 당대의 성리학적 기반이라는 것은 무엇이었나를 우리는 생각해볼 필요가 있다. 그래야만 고전에서의 양식적 차용이라는 서구의 포스트모던 클래시시즘과 우리의 차용의 문제가 구별이 되고, 그런 구별을 바탕으로 성리학적 이상으로서의 전통 건축을 다시 바라볼 수 있기 때문이다.[21]

조선 성리학의 문제는 간단히 말할 수 없는 복잡한 양상을 띠고 전개되어왔다. 그러나 거칠게 구분할 때 다분히 우리의 성리학은 주리적인 전통에 서 있다고 할 수 있다. 물론 서경덕과 같이 기일원론을 펼쳐 독보적인 사고를 개척한 학자도 있지만 그렇다 하더라도 대부분 이이의 사고가 보여주듯이 주리적인 전통에서 크게 벗어나지 않고 남명과 같은 경의(敬義)에 입각해 노장을 수용한 성리학풍도 주리적인 배경에서 모색되어진 것이다. 그렇다면 이(理)는 무엇이고 기(氣)는

---

21) 전통 건축을 성리학의 둘레로 단순화시킬 수밖에 없는 이유는 그 이전의 건축이 남아 있지 않기 때문이다. 불교 건축은 대부분 고려 시대 이전에 지어졌지만 수많은 경창(更創)을 거듭해서 그 원형이 변질되었고 민중 건축은 남아 있는 것이 없다. 그래서 지금 남아 있는 건축을 통해 전통을 더듬어볼 수밖에 없는데 그것이 바로 조선을 지배하던 성리학이라는 사상이다.

무엇인가? 간단하게 말하면 이황의 이기호발설(理氣互發設)이 보여주듯이 이가 먼저 발하고 기가 이에 따르는 것이 사단〔仁義禮智〕이며 기가 발하고 이가 이에 편승하는 것이 칠정〔喜怒哀懼愛惡慾〕이라는 것이다. 그러나 이이는 기발이리승지(氣發而理承之)를 주장하여 발하는 것은 기이며 이것을 따르는 것은 이라고 하여 여기에서 사단과 칠정이 나온다고 하였다. 서경덕의 경우에는 기일원론을 주장하며 모든 것은 기에서 비롯된다고 하여 현상적 인식을 주장하였지만 조선 성리학의 거대한 봉우리로 혼자서만 우뚝 존재할 뿐, 그의 영향을 받았던 이이도 이의 존재를 인정하며 자신의 논리를 펼쳐나간 것에서도 알 수 있듯이 조선 성리학은 보다 관념적인 원리나 본질에 천착했다. 이황과 기대승의 사단칠정 논쟁이 무려 8년을 두고 격렬하게 펼쳐졌고 그 후의 당파가 이 학문적 논쟁에서 비롯되었던 것처럼 한국 전통 건축의 양식적 차용과 정신적 계승의 문제가 20세기 말 한국 건축계의 중요한 쟁점이었다. 「중앙민속박물관」의 충격(?)과 「전주시청」의 과격한 혼재, 그리고 「독립기념관」의 찬가(?)는 서구의 포스트모던 클래시시즘에 대한 반성을 낳았다. 그러한 반성이 낳은 '이것이 아니다'라는, 인식은 '그렇다면 무엇이 대안이냐'라는, 방법적 반성을 도출한 것이 아니라, 무엇이 전통의 본질이냐라는, 본질적인 물음을 낳았다. 그리고 이러한 본질에 대한 회귀는 조선 성리학 이래로 우리 철학의 전통적인 정서였다.

그 본질에 대한 하나의 접근으로 승효상의 「수졸당(守拙堂)」이 발표되었을 때 그것은 감상적 엘리트주의라는 혐의에서 자유로울 수 없었지만, 종래의 형태와 양식적 차용이라는 점에서 크게 벗어나 진일보한 느낌을 주었다. 그러나 앞에서도 밝혔듯이 「수졸당」의 의미는 그런 긍정적인 면만 있는 것이 아니다. 오히려 부정적인 의미가 더 크다. 왜냐하면 「수졸당」은 전통 건축의 본질을 어떤 관념적 측면에서 찾으려고 했던 시도에 분명한 한계를 그어주었기 때문이다. 성리학의 체계로 전통 건축의 공간을 구축해보려는 시도들이 상대적으로 위축되었기 때문이고, 보다 더 뼈아픈 이유는 그 시도가 거꾸로 일본 건축이 운용하고 있는 미니멀적인 요소에 견주면, 그 형식 미학적 변별성을 흐리게 만들어놓았다는 데에 있다. 또 바로 그런 점에서 승효상의 작업들은 그럼에도 불구하고 한국의 전통 건축을 서구의 미니멀리즘과, 일본

승효상. 「수졸당」, 서울, 1993.
건축에서는 관념이 양식화되어 하나의 사조를 이루지만 양식이 관념화되는 경우도 있다. 후자는 좋지 않다.

건축의 형식 미학에 연결, 혹은 확장해서 한반도 내에서의 전통을 보다 보편적인 사고로 해석하려는 시도를 보여주었다.[22] 바야흐로 1990년대 전통 건축의 대상은 형태에서 공간으로 그 질적 전환을 본격적이고 가시적으로, 보다 구체적으로 드러내게 된다. 그로 인해 승효상의 실패는 오히려 한국 포스트모던 클래시시즘의 새로운 장을 마련하는 계기가 되었다. 방철린이 최근에 보여준「구파발 주택」과「대심리 주택」, 그리고「미제루」까지의 작업은 그런 점에서 그의 다가구 연작과는 다른 감회를 우리에게 준다.

건축의 시선

건축에는 두 가지 시선이 존재한다. 하나는 외부의 시선이고 하나는 내부의 시선이다. 그런데 이 시선은 마치 거울이 거울을 보듯 존재한다. 거울 속에는 끝없는 거울의 시선이 계속해서 존재한다. 외부에서 건축을 바라보는 행위는 아주 단순한 것인데도 그것이 내부로 연결되면 그 시선은 아주 복잡해진다. 그것은 이상(李箱)의 시처럼 끝없는 사각형의

---

22) 승효상이 줄기차게 거론하는 자코메티의 조각과 바라간 Luis Barragan의 이미지들은 승효상이 생각하는 전통이 단순히 한국적인 것만은 아니라는 것을 잘 드러내준다.

내부를 만들어내듯이 분열적이다. 건축의 내부는 원래 분열적이다. 그 분열의 시선을 정리하는 것은 어떻게 보면 정신병자가 아니면 가능한 일이 아니다. 건축은 끝없이 내부를 들여다봄으로써 거기에서 외부의 시선을 만나게 된다.

주리적 성향이 강한 우리의 전통 건축은 그래서 아예 외부의 현상을 끝없는 운동으로 파악하고 그 운동의 근원으로서 이(理)를 상정했던 철학적 전통에서는 내부의 시선을 궁극적인 건축의 시선으로 삼았다. 따라서 집은 변화하는 만물의 유전을 지켜보는 궁극적 원리인 동시에 자연에 질서를 부여하는 근원적인 동기로 여겨진다. 집은 이황의 입장에서 보면 만물이 일어나는 질서이고, 이이의 입장에서 보면 이미 일어난 만물의 이유이다. 우리의 전통 건축에서 집의 생김새는 그래서 문제가 되지 않는다. 어떤 기본적인 정형은 변화막측한 외부와 밀접한 대비를 이룬다. 따라서 서구 건축에서처럼 건축적 양식의 변화는 그리 중요한 것이 아니다. 신라의 절묘한 기하학적 원형들이 조선에 와서는 거의 직관의 문제로 변하게 된 것도 그런 저간의 사상적 변화와 무관하지 않다. 사실 우리가 신라의 기하학에 혀를 내두르는 정서의 이면에는 우리가 학습받은 서구 기하학에 대한 감탄이 작용하고 있는 것이다. 조선의 집들은 기하학적인 수리와는 거리가 멀다. 저 막기둥의 과감한 적용은 문득 일어났다 흩어지는 기의 작용을 이끄는 이(理)의 자신감을 보여주는 동시에 조선

모더니스트들 73

을 이끌었던 사대부의 학문적, 정치적 이념으로서의 성리학의 자존을 보여준다.

"修身濟家治國平天下"라는 유가의 문장은 "故道大天大地大王亦大 域中有四大 而王居其一焉 人法地地法天天法道道法自然"[23]이라는 도가의 문장에 적극적으로 인간을 등장시킨다. 서구의 역사 서술법대로 말하자면 인간 중심으로, 중세를 넘어온 것이 된다. 위에 인용한 『노자』의 문장은 방철린이 그의 건축을 설명하기 위해 인용한 문장을 옮겨본 것이다. 방철린은 무위란 아무것도 하지 않는 것이 아니라 자연과의 관계 맺음이라는 말로 건축을 설명하고 전통 건축의 그러한 관계 맺는 방식을 찬양하고 있지만 사실 그것은 기술적인 문제에서 그러했고, 조선에서만큼 인간의 독재가 철저하게 스민 건축사는 세계 역사상 그 유래를 찾아보기 힘들다.

---

23) 인용한 『노자』의 문장은 보통 다음과 같이 해석한다: '그러므로 도는 크다. 하늘은 크고, 땅도 크고, 왕(王) 역시 크다. 세상에는 이처럼 네 가지 큰 것이 있는데 왕도 그 하나를 점거한다. 사람은 땅을 본받고, 땅은 하늘을 본받고, 하늘은 도를 본받고, 도는 자연을 본받는다.' 이 해석에서 '王'이라는 단어가 전체적으로 『노자』의 의미와는 사뭇 상충하고 있다는 인상을 지울 수 없다. 그래서 나는 이것은 후세 사람들의 증보로 본다. 『노자』 제22장 끝에 "古之所謂曲則全者 豈虛言哉(옛말에 구부러진 것이 완전하다는 것이 어찌 헛된 것이겠는가?)"라는 문장이 있다. 여기서 "曲則全"은 『노자』 제22장의 첫머리에 나오는 구절이다. "古之所謂" 이하는 후세 사람의 증보라고 추정되는데, 인용한 구절의 '王'도 후세의 이데올로기가 개입한 흔적이라고 생각한다(박영호, 『노자』, 두레, 1998 참조).

조선 집의 성리학적 내용은 내가 만물의 유전을 지켜보겠다는 것이고 나의 수양이 곧 천하의 태평함과 연결된다고 보는 것이다. 중요한 것은 그 극단이 유가의 인간 중심적 세계관 및 도가의 자연관과 맞아떨어진다는 것이다. 거듭 말하지만 건축으로 말하면 그런 만물의 변화를 지켜보는 내부의 시선을 가지고 구축되는 것이 성리학적인 집이다.

내부의 시선 ―「미제루」

방철린의 「미제루(未濟樓)」는 외부에서 바라볼 때는 실망스러운 집이다. 지붕의 구성도 일관성이 없어 보이고 채를 연결하는 과정적인 공간으로서의 연결부도 옹색해 보이며 전체적인 매스도 답답해 보인다. 특히 경사진 대지에 들려 있는 누(樓)는 「병산서원」의 만대루를 억지스럽게 짜 맞춘 것처럼 보인다. 두 채와 그것을 이어주는 연결부, 그리고 누가 이루고 있는 가운데 마당은 별 쓸모가 없어 보이고, 옹색하다 못해 상징적인(?) 것처럼도 보인다. 누 아래 전면부의 외부는 그렇다 쳐도 뒷마당과 집의 단절은 용서할 수가 없다. 한국 건축가들은 왜 이렇게 뒷마당을 처리하지 못하는가? 일반적으로 경제 활동의 장으로서의 마당의 효용성이 사라져버렸다고 그 이유를 말하기도 하지만 그렇다면 그 의미를 새롭게 부여하는 것도 현대를 사는 우리들의 몫이 아니겠는가? 그러나 집 안으로 들어서면서 나는 이 대지를 읽어내기 위해 끝없이 고민했을 한 작가의 천착과 만날 수 있었다.

이 집에는 두 부류의 손님과 두 종류의 출구가 있다. 손님은 동네 사람들과 먼 데서 오는 외부 손님들을 구분하며, 먼 데서 오는 손님은 누 밑을 지나 현관에 이르며, 동네 사람들은 누를 타고 바로 거실에 이르도록 계획되어 있다. 동네 사람들에게는 굉장히 우호적이지만 외부의 손님들에게는 아주 불친절하다. 더군다나 외지인이 마주하는 현관의 모양은 아파트나 다세대 주택의 그것처럼 갑갑하기 이를 데 없다. 도저히 한적한 농촌에 자리한 주택의 현관이라고 볼 수 없다. 분명 건축주의 요구는 아니었을 테고, 그러면 작가는 왜 이런 이중적인 장치를 해놓은 것일까?

여기에는 한 가지 혐의와 한 가지 해법이 작용하고 있다. 먼저 우리 전통 건축의 누에 대한 건축가의 떨쳐버릴 수 없는, 한번 해보고 싶은 꼴림과 그 꼴림을 참지 못하고 저질러 놓은 것에 따라 뒤엉킨 이중적인 혼선이라는 혐의를 들 수 있다. 그리고 해법은 집주인의 정체성을 확보하기 위한 건축적 장치로서의 혼재였다. 즉 「미제루」의 주인은 이 마을 사람이 아니다. 집주인이 이 동네 사람들과 친화하기 위해서는 보다 적극적인 융합의 공간이 필요했을 것이고, 누는 이런

「병산서원」
만대루는 앞에 보이는 병산의 위압감을 상쇄시키면서 다시 수평적으로 편안해진 풍경을 집으로 끌어들이고 있다.

집주인의 불확실한 정체성을 확보해주는 건축적 해법으로 작용할 수 있다는 추정이다. 그 결과 외지 사람들의 방문을 「미제루」의 방문자가 아닌 마을의 방문자로 만들어 집주인과 마을 주민과의 유대를 자연스럽게 만들자는 의도로 읽을 수 있다. 그럴 수 있다. 이러한 혐의와 해법의 사이에서 누의 본래적인 목적과 효용을 따지는 것은 별로 도움이 되지 못한다. 일정한 작용으로만 이해한다면 우리가 차용해서 쓰지 못할 것은 없다. 그러나 그렇다 해도 누 밑을 지나다가 구석 현관에 이르는 길은 썩 유쾌하지 못하다. 그럴 법한 이유가 있음에도 자꾸 혐의 쪽으로 기울어지는 것은 순전히 「미제루」의 현관에서 느껴지는 뜨악함 때문이다. 만약 이 누에서 현관에 이르는 길이 뒷마당 쪽으로까지 이어졌으면 어땠을까? 하는, 아쉬움이 남는 것은 그래서이다. 자꾸 혐의 쪽으로 기울어지는 것도 그래서이다.

그러나 내부의 시선이라는 점에서 이 집은 외부 공간과의 긴밀한 친화력을 발휘하고 있다. 이 말은 반대로 외부에서 들여다보는 타인의 시선을 어떻게 처리하고 있는가라는, 아주 기본적인 물음에 대한 해결을 같이한다고 볼 수 있다. 바로 이 부분이 방철린이 도시 주거에서 다져왔던 기민한 재치가 돋보이는 대목이다. 짧고 낮은 담으로 적당한 구획을 해준 뒷마당은 그렇다 치고, 두 채의 연결 부분과 안마당으로 난 서재의 창으로 인해 자칫 외부에 노출될 수 있는 전경을 집의 전면부를 가로지르는 누마루가 적당한 가림막이 되어 외부의 시선을 차단해주고 있다. 열려 있는 누마루의 구조는 누 밑과 마루의 단 차이로 인해 지붕의 내부 경사를 보여주며 그 상대적인 수평선의 쭉 뻗어 있는 구도는 사람들의 시선을 누마루 자체에 충분히 고정시키고 있다. 누마루는 시선을 차단하는 것이 아니라 시선의 흐트러짐을 조장하고 있다. 이렇게 차단된(엄밀히 말하며 흐트러진) 외부의 시선은 바로 내부의 개방성과 연결된다.

누마루에서 바라보는 마을의 풍경도 그렇고, 특히 거실 창

방철린, 「미제루」, 강화, 1999.
「임거당」이 사적인 마당을 통해 자유로운 진입을 갖는다면 「미제루」는 누마루를 마을에 내어주고 대신에 단일한 출입구인 '현관'을 갖는다.

의 프레임을 통해서 바라보는 풍경은 아바스 키아로스타미의 지그재그 구도를 연상시키며, 마을로 진입하는 구부러진 길들의 정황이 한눈에 바라보이도록 자리잡고 있다. 그러나 이 거실 창에 차양이 없다는 것은 사소하지만 중요한 실수라고 보인다. 왜냐하면 여름철 태양의 입사로 인해 모처럼의 풍경이 커튼으로 가려질 우려가 있기 때문이다. 이것은 한가한 투정이 아니다. 그러나 한가한 소리임에 틀림없다. 바라보는 한가한 정신이야말로 우리 전통 건축의 처음과 끝이 아닐까? 나는 「미제루」에서 구부러진 길들을 바라보며 그 한가한 속도에 대해 생각했다.

'미제(未濟)'는 주역의 마지막 괘의 이름이며 다시 돌아간다는 의미를 갖고 있다.[24] 다시 시작한다. 새로운 천년을 목전에 두고, 그리고 세기말의 막바지에서 방철린은 이 집의 당호를 「미제루」라고 붙였다. 어쩌면 방철린은 이 집에서 다시 한 번 실패했는지도 모른다. 그러나 그것은 아마도 머지않아 다른 성공을 낳을 것이다. 그는 그것을 이미 「미제루」에서 충분히 보여주고 있다.

---

24) '미제는 끝나지 않았다'라는 미완성의 의미가 강하지만 64괘의 영역 안에서 보면 아직 끝나지 않았다는 의미는 다시 처음으로 돌아가 시작한다는 뜻이다.

작의를 버리는 지난함 ―「수백당」

 방철린에 비하면 승효상의 건축은 좀더 관념적이다. 그가 지닌 성리학적인 태도는 미니멀리즘의 정신과 같은 것으로 여겨진다. 근래 우리 건축계에서 승효상의 주택 2제(「수졸당」과 「수백당(守白堂)」)만큼 많은 논란의 대상이 된 작업도 드물 것이다. 승효상 작업의 대척점에 이일훈의 작업이 있지만 두 사람이 걷고 있는 노선 자체가, 하나는 조선 성리학의 이상을 현대 건축에 접목하고자 하는 반면, 다른 하나는 도시 서민의 정체성과 그것의 사회 경제적 기반을 근본적으로 해부하고자 하는 야심찬 기획이라는 점에서 두 작가의 입장은 분명하게 차이를 보인다. 그 접근에서도 승효상은 우리 전통 건축 요소의 직접적 차용과 조선 사대부의 안빈(安貧)과 낙도(樂道) ― 사실 승효상이 구구히 예를 들어 설명하는 단어들은, 요컨대 이 두 단어로 요약할 수 있을 것이다 ― 를 자신의 건축적 지향점으로 삼는 반면 그 방법론이 부재하다면, 이일훈은 '채나눔'이라는 분명한 방법론을 갖고 있는 반면 그것이 지향하는 바가 모호하다. 건축이라는 작업이 일정 부분 현실에 기반을 두고 이루어지는 작업이라고 할 때 확고한 방법론을 가지고 있는 이일훈의 작업이 논의의 여지를 두지 않을 정도로 명쾌한 반면(어떤 때는 싱거울 정도다) 승효

승효상, 「수백당」, 남양주, 1999.
「수백당」은 독립적인 실들을 복도가 쭉 꿰고 있는 꼬치 형태를 하고 있다. 논란은 있겠지만 건축적 개념을 '만들어'나가는 데 있어 승효상은 대단한 저력을 보이는 작가다.

상의 작업은 그가 지향하는 바와 직접적인 구현물 사이의 괴리에서 오는 논란을 피할 수 없다.

「수백당」 역시 그런 논란에서 자유로울 수 없다. 「수백당」은 백두대간의 준령이 서쪽으로 넘어오면서 한풀 꺾여서 북한강 수계의 서쪽에 위치한 야산 지대에 자리한다. 북쪽으로는 가파른 경사를 보이는 산의 정상이 있고, 앞쪽으로는 산의 능선들이 첩첩이 펼쳐진 사이로 작은 저수지까지 햇빛에 반사되어 그 수면이 바라보이는, 풍광이 뛰어난 곳에 위치하고 있다. 경춘 국도에서도 작은 고개를 하나 넘어야 그 부근에 이를 수 있고, 그 부근에서도 가파른 등고선을 끼고 돌아야 겨우 그 귀퉁이가 살짝 비칠 정도여서 웬만한 주의가 없이는 그냥 지나칠 법한 숨은 장소이다. 예부터 십승지지를 일컫는 말로 '들도 아니고 산도 아니다'라는 말이 있는데 이곳은 산의 중턱을 넘어 훨씬 위쪽에 자리하고 있으면서도 그 두드러짐이 가려져 있고, 대지에 섰을 때에야 풍경의 전모를 알 수 있는, 빛과 바람을 얻기에 더없이 좋은 곳이다.

문제는 여기에 있다. 승효상은 산지의 흐름을 높이 한 길 정도의 긴 벽으로 막아놓고서 이 집의 프로그램을 해결하기 시작했다. 이 희고 긴 벽은 승효상 자신이 '천장이 없는 방'으로 직접 묘사했던 정적인 뒷마당들의 벽이 되어주고 있으며, 복도가 그와 평행하게 전체 건물을 관통하며 순차적으로, 이번엔 천장이 있는 방들과 마당, 연못들이 줄줄이 꿰어 있다. 먼저 비우는 작업부터 시작한다는 작가의 허구는 이 자연과 인공의 경계를 이루는 희고 긴 벽에서부터 무너지고 있다. 과연 이 작가는 비움의 의미를 어떻게 생각하고 있는지 의아해지는 대목이 아닐 수 없었다. 결국 이 작가가 생각하는 비움이란 다름 아닌 깨끗하게 밀어버리는 것이었다. 일단 무질서한 자연을 정갈한 흰 벽으로 깨끗하게 막고 나머지 공간을 정지시켜 천장이 있는 방과 천장이 없는 방으로 구획하자는 것(그것은 저 모더니즘의 악의를 생각나게 한다). 자연을 집 안으로 끌어들여 인간과 자연의 합일을 이루고자 했던 우리 전통 건축의 비움과, 사면을 흰 벽으로 둘러싸고 바닥에 반듯한 화강석을 깔아놓은 「수백당」의 비움에는 크나큰 차이가 존재한다. 이는 마치 「가스파르 하우스」와 「도산

「수백당」 중정
이 도회적인 중정이 전원에서 갖는 의미는 무엇일까? 도시에서는 도시에 맞는 중정이 있고, 전원에서는 숲에 적합한 중정이 있다.

서당」의 차이와 같다. 이 차이는 여전히 「수졸당」에서도 똑같이 적용될 수 있다. 하지만 「수졸당」이 그래도 도심에 위치하고 있다는 이유 때문에 논리적일 수 있다면 「수백당」의 비움은 그런 「수졸당」의 논리마저도 완전히 무색하게 만들어버린다. 「수백당」에서 「수졸당」의 허구를 들키고 있다.

때로는 건축적 이념이 방법론적 회의를 낳을 수 있고, 거꾸로 건축적 방법론이 건축적 이념에 회의를 가져올 수도 있다. 서구의 지식인들은 이 양자를 논리적 추론을 통하여 병렬시키지만 우리 지식 사회의 전통은 이 양자를 통합하여 전체적인 사유를 꾀하고자 한다. 여기에서 바른 작의를 버리는, 뼈를 깎는 고통이 필연적으로 뒤따르는 것이다. 석회질 토양에서 작열하는 태양 아래 서 있는 흰 벽이 조장하는 의미와, 풍부한 식생을 이루고 있는 토양에서의 의미는 사뭇 다를 것이다. 하긴, 누군들 자유롭게 표현하고 싶은 유혹에서 자유로울 수가 있겠는가? 그것을 끊어버리는 것, 진정한 절제란 작의를 버림으로써 대상을 자유롭게 놓아두는 것이다. 이 지난함. 이 지난함에는 한 시대의 사회 경제적 토대에 대한 한 개인의 입장이 요구된다. 그리고 실제로 그 입장이 건축이라는 수단으로 구현되는 것은 그 입장을 물적 토대로 옮겨놓는 간극에 자리한다.

'건축의 개념'과 '건축적 해결'의 괴리 ──「성약교회」

건축은 복잡성의 예술이다. 건축 내적인 어휘의 복잡성 말고도 건축을 이루는 워낙에 다양한 문화 사회적 상황들이 얽히고설켜 있어, 사실 자세히 보면 건축에는 당대를 살아가는 수많은 사람들의 가치관이 충돌하고 있다. '충돌하고 있다'라는 진술에는 건축이 해결해야 할 대상 또한 부지기수라는 뜻이 담겨 있다. 이 부지기수를 만족시키며 나아가야 하는 것이 건축이고 건축가는 마치 유비의 아들 아두를 가슴에 품고 싸우는 조자룡처럼 무엇인가를 보호하며, 잃지 않으며 자신의 주행선에서 그것을 일목요연하게 꿰어야 한다. 말이 그렇지, 우리가 알다시피 그것은 거의 사투가 아닌가? 승리하든 아니든 간에 사투는 필시 상처를 요구한다. 요는 그것들이 무엇을 보호하며 입은 상처냐 하는 것이다.

나는 '개념'이 서 있지 않은 건축은 건축으로서 음미하지 않는다(솔직히 건물이 서기 위한 상황만 해결하기에도 얼마나 많은 노력을 요하는가). 왜냐하면 개념이 구현된 건축이라면 반드시 건축적 해결을 수반하고 있기 때문이다. '건축의 개념'은 '건축적 해결'을 통해 구현된다. '건축적 해결'을 통하지 않는 '건축의 개념'은 기껏해야 조형물이나 구조물로 전락하고 만다. SITE 그룹[25]의 위험성과 그들의 아슬아슬한 줄타기가 바로 여기에 있다. 많은 건축가들이 건축적 상황을 해결하는 것을, 그리고 개념보다는 상황(이 상황 중에는 물론 구조, 설비는 물론 경제성, 그 밖의 건축가의 요구 등등이 포함되어 있다)의 논리에 더 많은 비중을 두고 있다. 단지 그것이

---

[25] 자신들이 만든 조각물들을 건축의 주요한 요소로 끌어들여서 오브제와 공간의 긴장 관계를 만드는 작업을 해나가는 미국의 건축가 그룹.

민현식, 「성악교회」, 의정부, 1996.
마당은 시원한 외부 계단을 통해 들리면서 내부로 연결된다.

건축적 해결의 전모라면 건축가의 어깨는 얼마나 가볍겠는가 (왜냐하면 그 부분에서는, 건축가에게 많은 조력자들이 존재한다. 구조 설계가, 설비 전문가 등등…… 그러나 건축의 개념은 누구의 도움도 받을 수 없다. 그것이야말로 그의 고유 영역이다). 그 모든 건축적 상황과 '건축의 개념'을 '건축적 해결'을 통해 구현해야 하므로 건축가는 더 고독한 것이다.

최근에 지어진 파주출판단지의 「인포메이션센터」가 민현

식이 10년 가까이 탐구해온 전통 건축의 '마당'을 어떻게 변용하고 있는지 잘 모르지만 아무튼 그에게 어떤 변화가 일어난 것만큼은 틀림없어 보인다. 그는 '마당'을 던져버린 것인가? 민현식이 누구인가? 그는 한국 건축계의 지성이다. 나는 이 글을 위해 딱 한 번 그를 만났지만 많은 사람들이 민현식의 인품과 탁견에 대해서 말하고 있었다. 한국 건축계의 풍토가 대체로 남을 인정하지 않는 분위기이고 보면 그런 인물평은 상당히 의외였다. 더군다나 그는 과작이었다. 당연히 그의 작품에 대해 궁금증을 품지 않을 수 없었다. 「성약교회」에 갔다.

칼뱅주의 교회. 칼뱅주의는 아우구스티누스 수도회의 교리에 속하는, 루터의 복음주의 교리보다도 더 맹렬하고 비타협적인 종파이다. 사실 칼뱅주의의 주요 교리 중의 하나인 구원 예정설은 신교의 신학 중에서 당시에는 별 매력을 끌지 못하는 교리였다. 칼뱅주의 교리는 청교도적인 이상에 강한 영향을 받아서 개개인의 구원은 신의 예정에 따라 이루어진다고 주장하며, 에라스무스와 모어의 인본주의적 전통 속에서 교회를 개혁하고자 했다. 칼뱅주의의 이러한 극단적인 면모는 그 당시의 종교 개혁가들이 그러했던 것처럼 우상 공포증에 가까울 정도로 예술에 대한 노골적인 경멸을 드러냈을 정도이다. "루터주의가 지배하는 곳에서 문예는 소멸한다"는 에라스무스의 한탄은 청교도적 이상에 지배받던 당시 신교회의 지배적인 분위기를 역설해주고 있다. 모든 신도가 사제라는 인식(작가 민현식은 이것을 사제도 일반 신도와 다를 게 없다고 말했으나, '모든 신도가 사제'라는 인식에는 여전히 신성이 존재하지만 '모든 사제가 신도'라는 인식에는 교리상의 위험성이 내재되어 있다)은 구교의 권위와 사제의 무소불위의 권력에 대항하는 교리였다. 「성약교회」에 관한 작가의 이런 입장은 이 글에서가 아니더라도 어떤 방식으로든 분명히 짚고 넘어가야 할 필요가 있다. 형식주의와 감각주의에 대한 혐오, 누구나 자신을 선택받은 사람이라고 생각할 자유가 있다는 교리는 이후 서구 자본주의의 출현을 낳는 주요한 동인으로 작용했다고 막스 베버가 지적했듯이, 칼뱅주의의 출현은 자본주의의 출현과 그 맥을 같이하고 있다.

민현식의 「성약교회」는 이러한 칼뱅주의 교리의 근본으로 회귀하고자 하는 작가의 의지가 직설적으로 개입된 경우이다. '건축의 개념'이 '건축적 해결'의 몸을 입지 못하고 몸이 없는 영혼만이 이승을 떠돈다. 설교단의 좌우로 긴 신도석은 '모든 신도가 사제'라는 칼뱅주의 교리의 건축적 구현이라고 보기에는 너무나 어색하다. 위층의 신도석도 꿔다 놓은 보릿자루마냥 어색하고 연결 계단은 아무 감동 없이 무미건조하다. 장식을 죄악시한 모더니즘과 칼뱅주의가 이렇게 만나는가 싶기도 한 대목이 아닐 수 없다. 그저 외부의 빈 마당과 야외 계단이 「성약교회」의 전부였다. 그래도 그것이 민현식

「성약교회」 내부
시의 적이 음악이라면, 건축의 적은 회화이다.

이 이야기하던 '마당'이라면 너무 실망스럽다. 이것이 작금의 교회 건축에 대한 반성인가?

건축이란 그 영혼(개념)에 몸(건축적 해결)을 입히는 작업이 아니던가? 그러나 그럼에도 불구하고 민현식의 「성약교회」는 오늘의 현실에서도 그렇고 당시의 초기 의도에서도 너무 멀리 동떨어진 우리 교회에 대한 분명한 '안티'라고 말할 수 있을까? 한 프로테스탄트(protestant, 항의자)가 오늘의 교회에 던지는 강력한 언어적 이의 제기라고 부를 수 있을지. 그 언어에 몸을 입히는 작업은 또 얼마나 고통에 찬 행복이었겠는가? 이 모더니스트의 실패를 기록할 수밖에 없다, 나는.

함정과 활로 ——「노화랑」

벗어나고자 하면 할수록 늪은 더 강한 힘으로 우리를 당긴다. 모더니즘에서 벗어나고자 하면 할수록 우리는 거기에 더 단단히 감겨 있는 자신을 발견할 때가 있다. 앞에서 거론한 모더니스트들이 모더니즘의 범주에서 전통 건축의 방법적 계승에 대해 탐구했다면 배병길은 가장 의식적으로 모더니즘의 테두리에서 벗어나고자 애쓴 건축가 중에 하나일 것이다. 그러면 그럴수록 그는 점점 더 깊은 모더니즘의 악몽에서 허우적거렸고, 그의 건축 이론은 공허해져갔다. 아마도 새로운 정신은 불현듯 일어나는 모양이다. 그래서 대중들은 천재를 기다리는 모양이다.

비평의 작업이란 일정 부분 무엇을 구분 짓는 행위이다. 만약 새로운 비평의 모습을 꿈꾸는 이가 있다면 그는 이 구분 짓는 행위를 멈추면 된다. 그러나 불행하게도 그 행위를 멈추는 순간 그의 글쓰기는 비평이 아닌 다른 모습이 될 것이다. 무엇과 무엇을 구분 짓는다는 행위는 그 자체로 오류이다. 비평의 행위는 이 오류를 통해 나아간다고 나는 믿는다.

사로(死路)가 활로(活路)이다. 내가 죽을 자리에서 나의 질적 재생산이 일어난다. 어떤 장르의 한계는 꼭 그 장르의 존재 이유가 된다. 역으로 나의 장점이 나의 한계가 된다. 함정 속에서만 활로가 보이다니.

나는 배병길이라는 건축가의 작업에 대해서 그닥 신뢰하지 않은 편이다. 그가 「국제화랑」에서 보여준 그 감각적 표현도 싫었지만 마치 해체주의가 이제야 상륙했다는 듯이 호들갑 떨던 저널리즘의 작태도 싫었다. 그리고 오해인지는 모르지만 배병길 자신도 그런 저널리즘에 어느 정도 기댄 듯한 인상이 짙어서 더욱 그랬다. 그 후 그의 주택 작업 몇 점이 발표되었을 때도 나는 내 판단을 더욱 신뢰하게 되었다. 단순하게 말하자면 그의 작업에서 보이는 뒤틀린 몇몇의 부재들은 아이젠만 Peter Eisenman의 철학적 입장에서도, 게리 Frank Gehry의 분석적 입장에서도, 구조적 명쾌함이 보이지 않았다(꼭 그런 것이 보여야 하느냐고 묻는 독자들에게는 기회가 된다면 그 답변의 장을 따로 준비하겠거니와 여기서는 스티븐 스필버그와 팀 버튼의 차이를 생각해보는 것으로 그 답에 대신하겠다). 그 후 무슨 무슨 이즘이니 하는 수입 사조들도 소강상태에 있게 되었고, 그의 작업도 뜸해지더니 이번에는 외국 건축가들이 대거 한국을 방문하여 직접 강연을 갖는 등, 건축 시장 개방에 즈음한 변화가 찾아왔고, 많은 독자들의 눈도 국내에서 국외로 돌리게 되었다(조만간 이 눈 돌림에 의해서 한국 건축가들이 천대받는 시기가 올 것이다. 그리고 우리의 독자들이 좀더 현명하다면 천대에서 한 걸음 더 나아가 옥석을 구분할 것이다). 아무튼 그동안에도 그의 작업은 꾸준하였는지 아니면 내가 게을렀는지 아주 조용히 그의 작업 하나가 인사동에 지어졌다.

이 집은 일곱 걸음 만에 지나치는 집이다. 단 일곱 걸음, 당신이 혹, 지나가는 아가씨의 미모에 시선을 둔다면 이 집을 발견하기 어려울 것이다. 이 집은 대지가 가지고 있는 특성으로 인해 건축가의 행위가 극도로 제한될 수밖에 없었다. 건폐율 100퍼센트에 옆집과 물 샐 틈(?) 없는 경계를 유지해야 하는…… 「노화랑」은 「국제화랑」보다 「현대갤러리」 쪽에 더 가깝다. 분명 배병길은 변했다. 「국제화랑」에서 「현대갤러리」로, 그리고 「노화랑」으로.

「노화랑」은 배병길이 설계한 것이 아니다. 「노화랑」은 배

모더니스트들 93

배병길, 「노화랑」, 서울, 1996.
일곱 걸음이면 「노화랑」을 지나쳐 우리는 최근 완공된 이따미준의 「학고재」 건물에 이르게 된다. 요 몇 년 사이에 인사동은 급격하게 변하고 있다.

「노화랑」 내부
이 집은 대지가 28평 남짓한 아주 작은 땅이다. 계단과 화장실 같은 공유 면적을 제외하면 내부 공간은 더 작아진다. 그런데 이 작은 공간에 1층과 2층이 뚫리면서 수치상의 면적은 더더욱 작아졌지만 공간은 더더욱 풍요해졌다. 무엇이 넓은 것인가? 무엇이 더 풍요한가?

병길이 설계했다. 이 '아니다'와 '했다'의 사이에 「노화랑」이 서 있다. 배병길이 마치 자신의 트레이드마크처럼 달고 다니던 요란한 장식적 부재들이 「노화랑」에는 없다. 「현대갤러리」의 격자틀도 그의 그런 취향을 잘 보여준다. 그렇다면 「노화랑」의 요철형 알루미늄 패널도 그렇다고 말할 수 있다. 나는 다시 '없다'와 '있다' 사이에서 이 글을 끌어나간다. 그의 장식적 취향이 배제될 수 있는 한계를 「노화랑」은 보여준다. 그는 거기서 더 이상의 기름기를 제거할 수 없는 배병길의 한계를 보여준다. 그러나 더 이상의 거식증은 건축가 배

모더니스트들 95

병길을 아사시킬 것이다. 왜냐하면 그 정도의 기름기야말로 배병길을 배병길답게 특징지어주는 먹이일 것이기 때문이다. 그의 한계가 그의 활로이다. 언제나 그가 빠지기 쉬운 함정이 그의 활로인 것이다. 그것마저 없이 배병길을 어떻게 다른 사람과 구별하겠는가? 배병길은 자신의 특기가 무엇인지 잘 아는 사람이다. 그러나 그 특기가 자신의 함정이라는 것도 그는 알아야 한다. 승하면 죽고, 모자라도 죽으리라.

1970년대 한국 근대 건축의 논의와 1980년대의 포스트모던 클래시시즘의 열병을 거치면서 1990년대 한국의 현대 건축은 이제, 전통의 문제를 독자적이고도 합리적인 방식으로 해결해나가고 있다. '있다'라는, 이 단정적인 종결형 어미를 아무 거리낌 없이 사용하기까지 얼마나 많은 시행착오와 수많은 논쟁을 거쳤는가 생각해본다. 「국립부여박물관」을 그 본격적인 논의의 시발로 삼는다 하더라도 20여 년이 넘는 이 전투구가 이어진 것이다. 그러나 그 이전투구가 얼마나 값진 것인지 우리는 20세기의 막바지에서 비로소 확인할 수 있다. 그 오랜 시간을 두고 한국의 전통 건축은 지금, 여기에, 현대적인 재료와 경제, 사회, 문화적인 의미를 지니고 다시 서 있는 것이다. 그것은 이 글을 쓰고 있는 한 비평가의 개인적인 안목과 성향과 주의 주장을 떠나서 객관적으로 존재한다. 특히 주택의 문제에 있어서 그 해법은 더욱 빛난다. 아직도 논의의 여지는 있지만(그것이 어떻게 완벽하게 해결될 수 있는 문제겠는가?) 승효상, 민현식이 보여주는 전통 건축에 대한 지속적이고, 집요한 공간 분석과, 전통 공간에 대한 공간적 분석보다는 '채나눔'이라는 말을 잡고 바로 현대에 다가가려고 하는 이일훈의 안간힘, 보다 더 정신적인 측면으로 경도되는 곽재환, 그리고 그 사이에 있는 우경국, 다가구라는 한국적 상황 속에서 현대 주거의 모순을 통찰하려고 하는 방철린의 작업들은 분명히 20세기 한국 건축의 성과이다. 그리고 보다 더 그 성과를 빛나게 하는 것은 이러한 전통의 해석과 차용이라는 문제가 몇몇 건축가들의 독자적인 해석이 아니라 거의 전반적인 한국 현대 건축의 오늘의 모습이라는 데에 있다. 한국의 건축가들은 유홍준의 『나의 문화유산답사기』가 날개 돋힌 듯이 팔리기 훨씬 전부터 이미 옛집들을 찾아다니며 전국을 헤맸고, 김봉열과 같은 소장 학자들에 의해 이미 전모가 드러난 상태였다. 지금 내가 이런 말을 하는 이유는 이미 우리가 다했다, 라는 식의 치사한 후일담을 말하려는 것이 아니라, 20년 넘게 근 30년이라는 시간을 경주해 온 우리 건축계의 자존을 이야기하고 싶어서이다. 무엇보다도 30년 가까운 시간 동안 전통 건축에 대한 탐구는 앞서 예를 든 건축가들보다 오히려 그다음 세대들에게서 더욱 뚜렷하게 인식되고 있다는 것을 간과해서는 안 된다. 어쩌면 위에서 열거한 건축가들은 포스트모더니즘이니, 해체주의니

하는 서구의 사조들에 부딪히면서 이제 일정한 성과에 도달한 피투성이의 세대라면 이제 막 작업을 시작하는 더 젊은 세대들의 전통에 대한 인식은 피투성이의 선배들보다 더 앞서 있고, 명징하다. 다시 또 누가 누구보다 더 낫다라는 식의 이야기를 하는 게 아니라 우리 건축의 층위가 그만큼 두꺼워졌다는 말을 하고 싶은 것이다. 그리고 그 두꺼운 층위를 바탕으로 보다 안전하게 다른 방향으로 튈 수 있는 때가 이제 온 것이 아닌가 하는, 새로운 건축에 대한 희망을 말하고 싶은 것이다.

음울한 모놀리스, 파이드 파이퍼[26]의 곡조
— 밀레니엄이란 무엇인가?

왜, 제3제국 하의 독일 인민들은 그토록 히틀러에 열광했는가? 소쉬르에게 있어서 그것은 정상적인 남근 숭배력을 대신하는 힘이었고, 히틀러 개인적으로는 거세 콤플렉스와 결합된 오이디푸스 콤플렉스였다. 그러나 아무리 그렇다고 하더라도 독일이 왜 그처럼 콤플렉스로 가득 찬 인간의 광기의 자발적인 도구가 되었는가 하는 문제는 여전히 남는다. 마틴 키친은 그 해답을 집단적인 정신 분열의 사회적 가치 부여에서 찾는다. 즉 히틀러는 방황하는 많은 사람들로 하여금 그들 스스로가 그의 새로운 정신 분열의 모델을 동일화하면서 사회 속에서 자리잡을 수 있게 해주었다고 분석한다. 그러한 사회 현상을 좀더 알기 쉽게 제시한 학자로 에릭 에릭슨이 있는데, 그는 파시즘이 사춘기적인 반란과 같다고 주

---

26) pied piper. 마을의 쥐를 퇴치한 사례금을 받지 못한 앙갚음으로 마을 아이들을 피리로 꾀어내어 숨겼다는 독일 전설 속의 인물. 거짓 선전을 일삼는 정치인을 지칭하는 표현으로 쓰이기도 한다.

노먼 포스터 Noman Poster, 「독일 의회 의사당」, 베를린, 1999.
과거의 「제국 의회 의사당」에 씌워진 투명한 유리 돔은 독일의 과거를 포장하는 동시에 새로운 통일 독일의 미래를 선전하고 있다.

장했다. 이를테면 히틀러는 자신의 콤플렉스로 한 사회의 유아기적인 잔재들을 일깨워서 대단한 호소력을 가지게 했다는 것이다.

그러나 파시즘에 대한 이와 같은 심리학적인 접근은 오히려 너무나 명확하기 때문에 그것을 가능하게 했던 한 사회의 분위기를 주목하게 만드는 데는 어려움이 따른다. 왜 독일의 대중들은 그 혼란스러운 히틀러의 연설에 진심으로 눈물을 흘리며 그에게 존경을 표했고, 제3제국에 충성을 맹세했는가 하는 질문은 당시 독일이 처했던, 심리학적으로 말하면 독일 사회 전반에 팽배해 있던 거세 콤플렉스를 살피는 데 있어 단순 논리에 빠지는 오류를 범하게 만든다는 것이다. 그렇다면 그 사회적인 거세 콤플렉스, 바꿔 말하면 거대함에 대한 숭배는 어떻게 시대를 달리하면서 나타나고, 건축적으로는 어떤 양식으로서 구현되는가?

스탠리 큐브릭이 자신의 영화에 인류 진화와 연관된 어떤 불가사이한 힘을 모놀리스monolith라는 거대한 비석으로 상징화하면서, 모놀리스라는 상징은 거의 신학적인 대체물로까지 폭넓게 받아들여졌다. 말하자면 유물론자에게까지 신의 의지를 대체할 만한 빌미를 제공했던 것이다. 특히 건축에서 그러한 수직적 체계가 주는 정서적 고양은 신화적인 상상력과 결부되면서 건축의 개념적 요소로 빈번히 차용되고 있는 것이 사실이다. 이 파우스트적인 공간 개념은, 종종 표현주의에 의해 자유로운 인간 정신의 표현이라는 건축의 유기적 관점을 낳은 최초의 운동으로 이야기된다. 그러나 그 '자유로운 인간 정신의 표현'이 한 개인이나 사회의 이데올로기에 복무할 때 우리는 그것을 국가 사회주의 양식이라고 부른다. 그러니까 국가 사회주의 양식과 표현주의 건축은 한 끝 차이로 어떤 건축가이든지 파우스트에서 파시스트로 갈라지게 할 수 있는 것이다. 그러나 21세기에 접어든 지금은 분명 앞에서 분분히 거론한 것처럼 파시즘의 시대가 아니다. 그러나 우리는 지금 파시즘을 낳았던 당시의 일반적인 기대와 욕구를 가지고 있는 것이 분명한 듯싶다. 런던, 베를린, 오사카, 그리고 서울의 상암동에 이르기까지, 우리는 이상한 거대주의에 휩싸이고 있다.

새로운 천년을 맞이하며 세계 각국에서 벌이는 밀레니엄 사업은 일단 그 프로젝트의 규모 면에서도 우리를 압도하고도 남음이 있다. 영국의 그리니치에 세워진 「밀레니엄 돔」은 그 둘레가 1킬로미터에 달하고 직경은 360미터가 넘는다. 돔은 최고 높이 50미터이고 70킬로미터 이상인 고강도 케이블에 고정된 100미터 길이의 강철 마스터 열두 개로 매달려 있다. 또한 독일에서는 본에 위치한 독일 의회를 베를린에 있는 「제국 의회 의사당」으로 이전하면서 역시 물리학의 공간 모델을 연상시키는 유리 돔을 씌워서 과거의 「제국 의회 의사당」의 면모를 쇄신시켰다. 그 현대적인 아이디어에도 불구하고 과거의 우중충한 기억을 갖고 있는 대리석 위에 발랄하게 씌워진 유리 돔은 아무래도 석연치 않다. 오사카 만에 계획된 「해양박물관」 역시 돔이고 보면 파시스트 건축가 스피어 Albert Speer 이래 부정적으로 인식되어오던 건축 형식으로의 돔의 오명도 이제는 좀 자유로워졌는가 보다.

비록 돔은 아니지만 상암동에 세워진 「천년의 문」은 그 직경이 200미터에 달하는데 그리니치의 「밀레니엄 돔」보다는 그 직경이 작지만 세워져 있는 원이라는 점에서 그 규모는 가히 장엄 지경이다. 이제는 과거처럼 정치 군사적 패권주의에 노출된 한 사회 구성원들의 불안이 아니라, 보다 심각한 경제 패권주의에 의해서, 그리고 보다 피상적으로는 단순한 연대기적 의미에 의해서 그러한 기대감들이 상승하고 있다

폴 앙드루 Paul Andreu, 「해양박물관」, 오사카, 2000.
오사카 만에 세워진 이 거대한 구조물은 메이지 시대 일본의 위업을 기리고 있다.

는 사실은 놀랍다.

그리고 바로 그 어이없는 놀라움 사이에 건국대학교 「새천년관」이 자리한다. 건국대학교 모진동 교정의 입지는 야트막한 구릉과 낮은 야산으로 이루어져서 학교의 상징처럼 되어버린 넓은 호수를 그 배경으로 하고 있다. 따라서 이 호수는 그야말로 하늘과 구름 이외에는 아무것도 비추지 않는 그저 낮은 구릉에 위치한다. 엄밀히 말하면 호수가 자리할 위치가 아니다. 그러나 이 모진동 일대의 야트막한 산세와 더불어 이 호수는 나름대로 자리를 잡고 있다. 호수로 인해 전체적인 입지가 의미를 부여받은 것이 아니라 거꾸로 평탄한 지세에 의해 그 호수의 입지가 의미를 부여받은 것이다. 서양의 인공적인 수변 공간은 인공의 구축물과 불가분의 관계를 맺는다. 말하자면 현실의 모사 혹은, 현실을 담은 가상으로 구축된다는 것이다. 그러나 한국의 인위적인 수변 공간은 인공을 모사하는 것이 아니라 계속해서 자연을 모사한다. 더 나아가 도교적인 이상 세계를 구축하기까지 한다. 모진동 교정의 녹지를 보전하기 위해 고층 빌딩으로 계획되었다는 「새천년관」은 이미 르 코르뷔지에의 '빛나는 도시'[27] 계획안의 실패가 보여주듯이 검증이 끝난 실험의 재탕이고, 그런 의미에서 오히려 전체적인 교정의 지세(녹지라는 말은 이제 더 이상 유효하지 않다)를 흩뜨리고 있다. 사실 고층 빌딩 사이의 녹지가 무슨 의미가 있겠는가? 도시에서의 숲은 자연스러움에

---

[27] 르 코르뷔지에는 그의 '빛나는 도시'에서 현대 도시의 전경을 말하며 토지의 합리적인 이용을 위한 초고층 주거의 개념을 설명하며, "주위는 숲이나 들판 등의 보호 지대로 포위되어 있다"라고 흥분에 차서 이야기하고 있다. 그러나 인간들은 숲이나 들판 따위를 좋아하지 않았다. 실제로 그것은 어떻게 되었는가? 숲이나 들판의 자리에는 주차장이 빼곡히 들어차 있다. 지하에 주차장이 없는 것은 아니지만, 주차장은 넘치고 넘쳐 '빛나는 도시'의 숲을 침해하도록 만들어졌다. 따라서 언어가 기의와 기표의 부작용을 연출하듯이 건축적 표현 역시 계획과 실제의 괴리를 드러낸다. 르 코르뷔지에의 '빛나는 도시'는 그 기의 작용만 남아 언어적 한계로 남아 있기는 하지만, 그 언어적 사고에 영향을 받은 많은 도시들이 오늘날의 건축 방법에 대한 실제를 대변해주고 있다.

기대고 있는 게 아니라 도시에 신선한 공기를 보충해주고 걸러주는 필터의 역할을 할 뿐이다. 교정이라고 해서 달라질 것은 없다. 그렇다면 다분히 이 건물은 이데올로기의 시대가 가버린 다음의 새로운 지배력을 기다리고 있다는 혐의에서 자유로울 수 없다.

이것은 비단 건국대학교 교정에서만 일어나고 있는 현상이 아니다. 베를린과 런던과 오사카에서는 도대체 어떤 일이 일어나고 있는 것인가? 그들의 내면을 정확히 파악할 수는 없다. 하지만 분명 지금의 세계인들은 무엇(그것이 긍정적이든 부정적이든)을 기다리고 있다. 그것이 신자유주의 속에 웅크리고 있는 패권주의든 민족주의의 자폐증이든 간에, 아

리처드 로저스 Richard Rogers, 「밀레니엄 돔」, 그리니치, 1999.
거대한 구조물로 거대한 공간을 감싸면서 이루어지는 활력은 템스 강변의 풍경을 일신하고 있다.

음울한 모놀리스, 파이드 파이퍼의 곡조

니면 평화로운 인류의 공존을 위한 기념비든 간에 말이다. 그러나 「새천년관」은 이러한 미래주의의 어떤 희망과도 무관하다. 오히려 그것은 과거로부터의 양식적 차용이라는 점에서 분명한 의도를 드러낸다.

지하의 선큰에서부터 좌우로 도열해 있는 기둥들의 사열을 받으며, 지상 15층으로 기립해 있는「새천년관」의 입면은 로시 Aldo Rossi의 「산카탈도 공동묘지」 계획안을 연상시킨다. 로시의 단순한 기하학적 평면과 입면이 파시즘의 광기를 순수한 형태로 환원시켜 치료하고자 했으면서도 그 초월적 성격이 파시즘과 다시 이어지는 것처럼, 「새천년관」은 아예 노골적으로 실패도 없이 아직 알 수 없는 그 무엇인가에 금방 동조해버리고 있다. 「새천년관」은 차라리 로시 이전의 파시스트 건축가 스피어의 「이탈리아 문명의 궁전」을 더 쉽게 연상시킨다. 그 무표정하고 확고부동한 인상과 수변 공간을 거느리고 있는 자기애적인 망상은 모진동 일감호에 비친「새천년관」과 흡사하다.[28] 더군다나 밖을 내다볼 수 있게 마련

---

28) 재미있는 것은 「이탈리아 문명의 궁전」이 지어진 지 25년 뒤 남부 캘리포니아를 비롯하여 미국에서 새로 생기기 시작한 대학 교정에는 그 건물과 닮은꼴의 건물이 최소한 하나 이상씩 생기기 시작했다. 로버트 휴즈에 따르면 이는 각종 문화 센터와 고차원적인 시민 의식의 상징을 필요로 하는 모든 건물에 있어서 하나의 지배적인 양식으로 둔갑해버렸다. 파시스트의 양식이 1950년대에 대서양을 건너 미국으로 흡수되면서 가장 민주적인 건축 양식으로 알려지게 된 것이다.

된 엘리베이터는 비좁은 건물의 양쪽 벽을 따라 상승하게 되어 있어 그 공포감은 자이로드롭에 비할 바가 아니다. 앞에서 말한 대로 제3제국의 파시즘이 거세 콤플렉스와 결합된 오이디푸스 콤플렉스라면, 추락의 공포가 아닌 상승의 공포감을 자아내는 이 엘리베이터는 임포텐츠를 감추기 위한 성적 에너지의 전환쯤에 해당할 것이다.

순수한 형태를 표방하고 있는 것처럼 보이는 무표정하고 의미 없는, 확신에 찬 입면은 강조된 창의 작용으로 애초에 가졌던 매스의 단순성마저도 잃었고, 그 실패는 황량한 내부 공간에까지 이어지고 있다. 지하 컨벤션의 거대한 기둥들과 그 어이없는 체적들은 기이하기까지 하다. 결국 로마의 영광을 재현하고자 했던 무솔리니의 야망이 스피어의 파시즘 건축으로 나타났다면, 「링컨 센터」나 「린든 존슨 기념관」은 전후의 번영으로 팍스 아메리카나의 세계 질서 재편을 노린 미국의 야망을 대변한다. 비록 '얼빠진 건물'이라는 비난을 받고는 있지만 「이탈리아 문명의 궁전」에서부터 이어지는 양식적 특성은 미국에서도 너무 명확해서 이의가 없을 정도이다. 그렇다면 단순한 연대기적 흥분에 도취된 「새천년관」은 '얼빠진 건물'일 수도 있고, 무의식적인 표상을 의미할 수도 있다. 그 표상이 또다시 강한 남성성에 대한 그리움이라면 절망스러운 일이다. 왜냐하면 그 피리 소리에 따라서 다시 춤을 추어야 하는 이들이 누군지 너무도 분명하기 때문이다.

알베르트 스피어, 「이탈리아 문명의 궁전」, 1930년대 후반.
히틀러 시대의 계관 건축가인 알베르트 스피어의 이 작품은 물에 비친 과거로서의 게르만족의 우수성이 반드시 살아나야 할 망령이라고 생각하고 있는 듯하다. 파시즘 건축의 나르시시즘.

원도시, 「건국대──새천년관」, 서울, 2000.
모진동 교정의 녹지를 위해 고층화했다는 이 건물은 새로운 밀레니엄의 메시아 콤플렉스를 노골적으로 드러낸다.

2000년대의 벽두에 세계 각국은 각자 자신들의 새로운 의지를 선보이는 건축 프로젝트를 속속 발표했다. 그 유행에 우리도 발 빠르게 편승했음은 물론이다. 서구에서는 이미 건축이 중요한 정치적 제스처의 하나가 된 지 오래다. 순수하게 건축적으로만 보아도 그리니치나 베를린, 그리고 오사카에서 이루어지고 있는 프로젝트들은 대단한 정치적, 건축적 자신감에 차 있다. 「케이블 돔」은 새로울 것이 없지만 분명 템스 강 연안의 모습을 크게 바꾸어놓을 것이다. 호주의 「시드니 올림픽 스타디움」도 그렇듯이 세계적인 프로젝트들이 하나같이 공통적으로 표방하는 것은 에콜로지 ecology이다. 이들의 사업 내용만 보면 21세기는 바야흐로 생태주의 시대가 될 것 같다. 분명 '생태'는 21세기의 화두이다. 그런 관점에 비추어 보아도 건국대학교 「새천년관」이나 상암동 「천년의 문」은 21세기에 대한 아무런 비전도 제시하지 못하고 있다. 물론 건국대의 경우야 국가적 프로젝트와 그 규모나 예산에 있어 터무니없는 비교이지만 건축적 개념을 결정하는 것은 돈이 아니다. 그렇다면 과연 우리는 어떤 사회를 원하고 있는가? 불행하게도 상암동에서 우리는 '윤회'를 이야기하고 있다. 그러나 인도와 같은 나라에서도 윤회를 한 사회의 비전으로 채택하는 황당한 경우는 없다. 언제나 한 사회의 비전은 당대를 극복하기 위해 제시되기 때문이다. 「새천년관」의 경우에도 어떤 비전도 찾을 수 없다. 오직 단순한

'미래' '희망'과 같은 공허한 단어들이 있을 뿐이다. 그 미래로 가기 위한 방법들이 부재하다. 이 부재는 때에 따라서는 아주 부정적인 곡조를 타면서 흘러갈 수도 있다. 우리는 그것을 이미 전대의 전쟁에서 배운 바 있다.

다시 파시즘의 관점에서 볼 때, 현대 미술의 매력은 바로 그 현대적인 속성에 있다.[29] 그러나 「새천년관」이나 「천년의 문」에는 신고전주의 건축에서 읽을 수 있는 영원성에 대한 갈망도 없고, 기하학적 입체(입면이 아닌)에 대한 탐구도 없고, 모놀리스의 개체적 긴장도 없고, 신화도 없다. 단지 터무니없는 희망에 대한 음울함만이 이 거대한 비석을 휩싸고 돌 뿐이다.

---

29) 로버트 휴즈는 『새로움의 충격』에서 이렇게 이야기하고 있다. "마치 파시즘이 정치의 갱신을 약속했던 것과 마찬가지로 현대 미술은 문화사의 갱신을 약속했던 것이다."

결벽증과 몽타주의 논리
── 조건영론

문 앞에서의 말 ── 공간의 기하학적 원형

 노자 사상의 요체는 무(無)에 있는 것이 아니라 무를 용(用)하는 위(爲)에 있다. 건축가가 도면 위에 작업하는 행위는 연필로 그어지는 검고 굵은 선의, 벽을 쌓기 위한 작업이지만 실제로 그 쓰임에 있어서는 아무런 행위도 가하지 않은 빈 공간에 의미가 있다.
 언제나 동서남북에 큰 문을 만들었던 한민족의 도시 공간은 땅은 네모지다는 기본적인 개념을 전제로 이루어진 결과이다. 반면 땅은 구형이라고 생각한 프랑스인들은 파리 시가지를 원형으로 계획하고 중심에 광장을 두어 방사형의 도로를 건설했다. 심리학자 피아제에 의하면 만 네 살까지의 어린아이들은 직선과 곡선을 구별하지 못하며 단지 도형의 결합 관계에만 주의한다고 한다. 그리고 좀더 진보한 듯 보이지만 성인의 사고도 거기에서 크게 벗어나 있지 않다. 우리

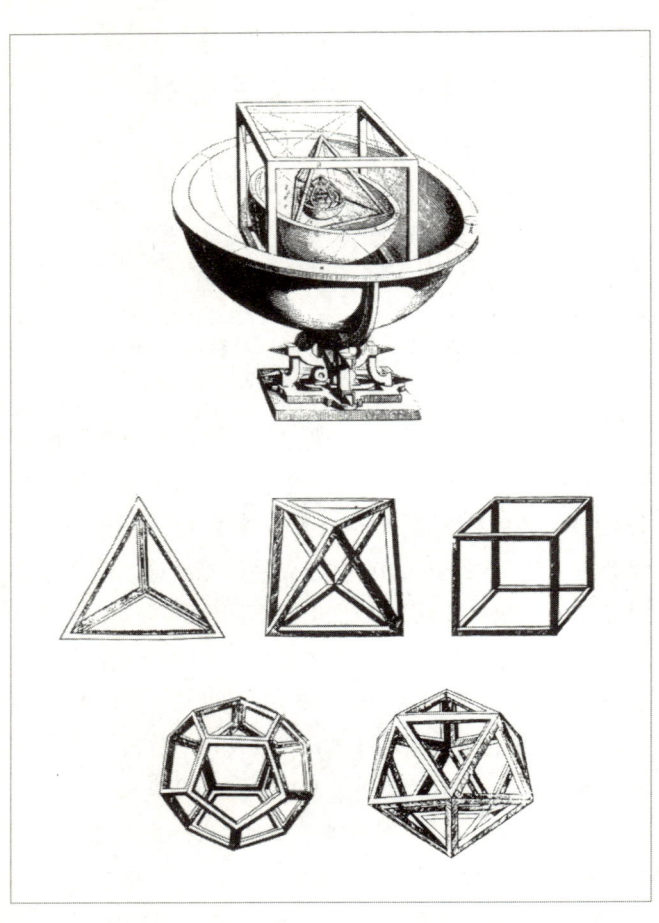

고대 그리스인의 수학적 우주관

가 느끼는 공간감은 분명 비(非)유클리드 기하학의 체계임에도 불구하고 우리는 우리가 교육받은 대로 유클리드 기하학의 체계에서만 이해되는 평면 기하학의 체계에 익숙해 있다.

고대 그리스인들은 우주가 물, 흙, 공기, 불의 네 가지 원소로 이루어졌다고 믿었다. 즉 불은 정사면체, 흙은 정육면체, 공기는 정팔면체, 불은 정이십면체 그리고 대우주의 상징으로 정십이면체를 생각하고 있었다. 그리고 바로 그 대우주의 아름다운 도형에서 저 유명한 황금 분할 golden-section의 비례가 도출되는 만큼 플라톤에게 공간은, 유한한 세계에서 다루고 얻을 수 있는 실재하는 요소였다. 그렇다면 원형으로서의 기하학적 공간이란 과연 어떤 모습인가? 융은 원형이란 모든 심리 구조 아래에 잠재해 있어서 결코 의식할 수 없는 것이며 창조된 것이 아니라 처음부터 존재하는 영원한 형태라고 정의하고 있다. 그리고 이러한 원형적 심상이 자아의 차원에 나타난 것을 상징 symbol이라고 하는데 이러한 상징의 과정을 통해서 나타나는 통일성에 대(對)하는 상이성의 개념들을 유형화하여 우리는 그 주체들의 보편성과 특수성을 밝힐 수 있을 것이다.

몇 가지 이론이 있기는 하지만 생명의 기원이 바다라는 사실은 거의 전적인 지지를 얻고 있다. 실제로 생물 문들의 대부분은 아직도 바다에서 살고 있으며 바다의 동식물이 육지로 이주하기 시작한 것은 실루리아기와 데본기에 이르러서이다. 이는 실로 몇억만 년을 물에서만 살다가 육지 생활을 시작하게 된 것이고 이 오랜 기간을 축약해보면 인간이 어미의 양수에서 길러지는 열 달의 시간과 우연하게도 유사하다. 어미의 양수 속에서 태아는 폐호흡을 하지 않는다. 이것은 육지 생물이 나타난 지, 수억 년이 지난 후에도 그 생명의 원형을 어떠한 방식으로든 잠재하고 있다는 보기이다. 흔히들 말하는 '모태 공간womb space'의 공간감은 바로 저 수억 년 동안 물에서 생활하던 생명의 근원 공간인 바다, 즉 양수에 대한 추억에 다름 아니다. 그 양수가 담겨진 태아의 바다야말로 모든 인류의 공간적 원형이며 유형화되는 모든 공간 개념들 속에서 잠재되어 있는 오랜 집단 무의식의 근원이다. 김수근의 '모태 공간'이 '섹스를 위한 공간'으로 패러디되는 이유는 그가 바다로 통하는 길목에서 그만 멈춰버린 까닭이다. 육지에 오른 최초의 생명은 진화를 거듭하여 약 3백만 년 전에 비로소 인류를 등장시켰고 유효한 피난처를 찾아 기어들기 시작했다. 그것은 다시 어미의 자궁 속으로 '기어들기'였고, 최초의 공간적 상징이었다. 거기에서 그들은 양수의 바다를 떠나 어미의 긴 통로와 유방을 그리워하며 안식을 꿈꾸었다.

다소 순진한 어투로 김중업은 피의 내력을 믿는다는 피상적인 개념을 말했지만, 어느 정도는 옳은 통찰이었다. 인간은 각기 다른 환경과 자연재해에 따른 대응 방식을 관습화시

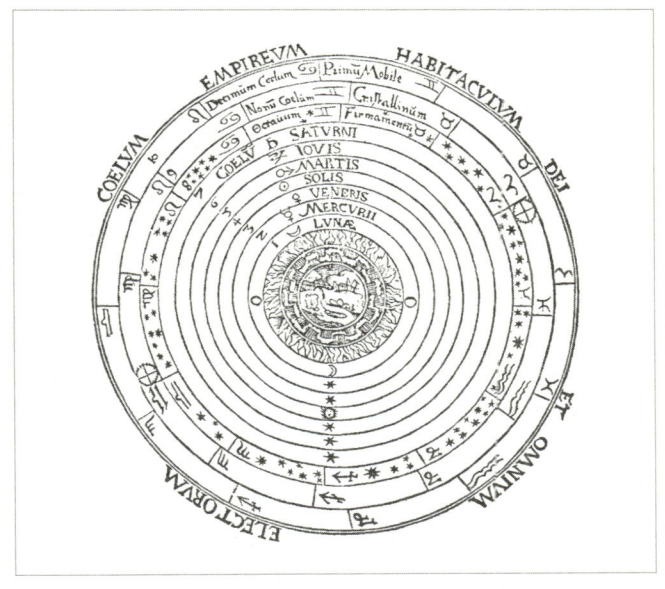

프톨레마이오스의 우주 구조

키고 또 그 지각 이미지의 물리적 흔적engram을 자손의 유전 형질 속에 전함으로써 그들의 생존 양식을 강화해나갔다. 김중업의 전통(유형학적 건축) 논의는 이러한 생물학적 기반 위에서 재고찰될 필요가 있다. 그의 확신에 찬 작업들은 결코 우연이 아니었으며 그의 사후, 또 하나의 확신에 고무된 세대들 중에서 우리는 조건영을 본다.

결벽증과 몽타주의 논리 115

기구축의 해체 혹은, 해체의 재구축

역사는 반동의 산물이다. 모더니즘 이후의 건축가들은 어떤 방식으로 모더니즘의 이성주의를 비이성적인 것으로 만들고 어떻게 역사의 전면에 그들 스스로를 부각시켰는가? 텍스트의 건축가 조건영의 어투로 우리는 왜 '상투화된 사고'에서 벗어나'야 하는가?

젠크스 Charles Jencks가 시니컬하지만 흥분된 어조로 진술하고 있듯이, 현대 건축은 그 유명한 '프루트 이고 Pruitte-Igoe' 계획의 몇 개의 블록이 다이나마이트에 의해 최후의 일격을 받았던 1972년 7월 15일 오후 3시 32분경, 미주리 주의 세인트루이스에서 죽어버렸다. 산업 혁명 이후 기계 문명의 놀라운 위력에 스스로 탄복한 서구 합리주의는 철저한 인본적 세계관 안에서 자신의 잣대로 모든 것을 재단하고자 하는 고귀한 꿈의 실현을 완성시키려고 했다. 신념에 찬 국제주의자들은 세계의 다양성 속에서 통일된 원형을 양식화하기보다는 그들만의 특수한 양식으로 세계의 다양성을 정벌해나갔다. 19세기 말 20세기 초의 크고 작은 세계의 분쟁들은 근대 이성주의의 제국주의적 속성을 그대로 드러내는 야수적 횡포에 다름 아니었다. 그러나 미약한 첫 반성의 징후는 모더니즘이 이미 자제 능력을 잃고 이데올로기의 관성에 이끌

피터 아이젠만 「뮤즈의 융합」 계획안.
이 건물은 마치 지각 변동에 의해 대지에서 솟아난 것처럼 보인다. 표현주의와 컴퓨터 시뮬레이션이 만나서 이제 건축은 우리에게 새로운 시선을 선사한다.

려 걷잡을 수 없이 세계를 풍미할 때 아주 조용히 제기되고 있었다. 독일 표현주의자들에 의해서, 국제주의 양식의 아성을 쌓은 당사자에 의해서 구축된 「롱샹성당」에 의해서.

그리고 오늘날 기술, 동선, 효율적 공간 등의 근대적 가치들은 포스트모던의 이중 코드화 dual-coding 혹은 다중 코드화 multi-coding의 단속적 표현 수단에 의해서 격파되고, '어떠한 운동도 대표하지 않으며 어떤 주의도 아닌'(존슨 Philip Johnson) 해체주의에 의해서 더욱 부정되고 전면적으로 파괴되고 있다. '상투화된 사고의 탈피'와 위글리 Mark Wigley의 '순수 형태'에 대한 이상은 이제 혼돈에 빠져 있다. 형태는 오염되었으며 순수의 이상은 일종의 악몽이 되어버렸다는 자조는 서로 맥이 닿아 있으며 '상투화된 사고'(조건영)는 '악몽'(위글리)과도 같은 것이었다. 실제로 조건영은 1990년 11월 강남구청 건축위원회에 의해 거부된 청담동「프랑소와즈 빌딩」계획안에서 그 악몽을 충격적으로 보여준다. 그 계획안의 전시 공간 부분은 마치 인상주의자들의 화풍처럼, 도산당하여 공사가 중단된 건물처럼 보이며 사선으로 기울어진 근린 생활 공간은 금방이라도 버팀목을 대야 할 것처럼, 보는 이들에게 불안감을 증폭시켜 가히 악몽(?)같이 보인다. 공간과 공간은 안정된 기하학적인 질서를 이미 상실한 채 서로 관입하여 있으며 공간의 수직 이동 체계인 계단은 일관성이 없이 흐트러져 있다. 독립된 계단실(공간의 효율성이라든가 경제성을 무시한, 파격적인 형태의, 다시 악몽?)로 통하는 통로의 무작위, 아무 연관 없이 근린 생활 시설에 박혀 있는 카리프트는 작가가 얼마나 근대적 가치(혹은 상투성)들을 경멸하고 있는가를 극명하게 보여준다. 조건영의 빈 공간은 뒤틀린 세계를 아무 욕구 없이 그냥 둘러싸게 되어, 벽체는 삼각형과 부등변 사각형이 긴 호의 꼬리를 늘어뜨리며 불쾌한 조화를 이루고 있다. 이는 동시대의 시인 이성복이 의심했듯이 "아버지, 아버지! 네가 내 아버지냐"라고 근대적인 가치들을 일소하고 있으며 그것은 차라리 "오 망국은 아름답습니다"라고 노래한 역시 동시대의 시인 황지우의 뒤틀린 부정을, 그 '초토'를 마련하고 싶어 안달하고 있다. 따

에밀리오 암바즈 Emilio Ambasz, 「슐룸베르거 실험동」 계획안.
실들은 모두 지하에 있고 지상은 숲으로 뒤덮여 있다. 이것은 낙원인가? 초토인가?

라서 해체주의 건축을 모더니즘에 대한 비평이라기보다는 모더니즘의 풍자라고 한 말은 옳지 않다. 그것은 비평도 아니고 풍자의 긴장도 없는, 뿌리부터 새로 갈아엎는 부정을 구축하는 것이다. 도시의 거대화, 통신의 발달, 보장되어가는 익명성과 노출된 개인, 화폐 경제의 쇠퇴, 탈냉전의 새로운 정치 구도, 소비와 생산의 지칠 줄 모르는 기대치, 그로 말미암아 무너지는 전통의 윤리관 등. "중심은 중심이 아니다"라고 한 데리다의 말처럼 오늘날의 상황은 급속도로 해체되어가고, 가면 갈수록 그 속도가 빨라지고 있다. 다시 위글리의 말처럼 해체주의 건축은 안정되고 완전한 건축 구조물로 표현되는 우리 문화의 관습적인 구속력을 뒤집어버린다는 의미에서 역설적으로 인간적이다. 아니면 적어도 해체주의 건축은 구축 중에 있거나 구축을 위한 완전한 대지를 마련하는 중이다.

세계의 일상성에 대한 회의

> 그렇다! 시대 상황이 그 작업을 거부하더라도 작가의 존재 이유는 오로지 관습과 상투성을 깨뜨리는 데 있다. ──조건영

건축은 어떤 기호 체계의 체계인가? 정말 건축은 기술, 동선, 효율성 등의 근대적 가치들에서 자유로울 수 있는가? 자

유로울 수 있다면 건축이 드러내는 기호 의미는 무엇인가? 그리고 그 의미는 소통 가능한 보편성을 획득하고 있는가? 이제까지 건축의 의미는 인간의 거주를 우선으로 하였다. 그러나 이제 그것은 대자연 속에서 건축이 갖는 본질적 의지를 파악하는 데 있다고 해야 한다. 그러할 때에야 비로소 건축은 쓰레기로 처할 운명(아니면 어떻게, 처음부터 쓰레기로 만들 수 있는가를 궁리해야 한다)에서 탈피할 수 있고 정형의 무기체가 아닌 살아 숨 쉬는 유기체로서 존재할 수 있다. 비록 너무 악화된 상태에서 그 현실적 토대가 마련되었지만 역사는 항상 최악의 상태에서 또 다른 최악으로의 변이를 거쳐 진보했던 것처럼 '인간'이라는 문제는 '자연'이라는 범주에 속해야 한다. 탈의 철학자 김진석은 니체와 데리다의 논지에 초점을 맞추면서 그 최악의 상황을, 형이상학적 개념들의 구조물과 건축 요소들의 뒤집히고 끊어지고, 흩어지고, 새로 구성되는 퇴적된 덩어리와 층들은 단순히 한 방향으로 고정되어 있는 것이 아니라 지금도 서로 단층 작용을 계속하고 있고 심지어 서로 잠식하기도 하는 상황이라고 말하며, 은밀한 괄호 속에서 건축은 이 해체의 움직임 속에서 특별한 역할을 한다고 언급한 바 있다. 마찬가지로 근대 건축의 고귀한 꿈들은 전면적인 부정에 직면하게 되었고 건축이 갖고 있는 기호 체계는 더욱 다양한 모습으로 드러나게 되었다. 예컨대 근대 건축의 오랜 경구인 "Form follows function(형태

조건영, 「한겨레 사옥」, 서울, 1991.
「한겨레 사옥」은 조건영의 두툼한 배짱(?)을 잘 보여준다. 조형, 멋진 외관, 고급스러운 재료, 이런 것들은 모두 내가 알 바 아니라고 말하는 듯하다. 만약 조건영이라는 건축가와 한겨레신문사라는 자본이 만났다는 사실만 제외한다면 「한겨레 사옥」은 그대로 '흉물'이다.

는 기능을 따른다)"이란 아름다운 표현은 건물이 지닌 형태에 있어서, 기능은 명백하게 외연적인 지시에 충실해야 한다는 의미로 "Function follows form(기능은 형태를 따른다)"이란 새로운 경구를 가능하게 하고 있다. 조건영의 「프랑소와즈 빌딩」의 파괴와 분절의 형태는 실제로 아무런 기능도 외연 denotation하고 있지 않다. 마치 작가는 "형태는 기능을 따른다"도 아니고, "기능은 형태를 따른다"도 아닌 "형태와 기능은 아무 연관이 없다"라고 말하는 것 같다.

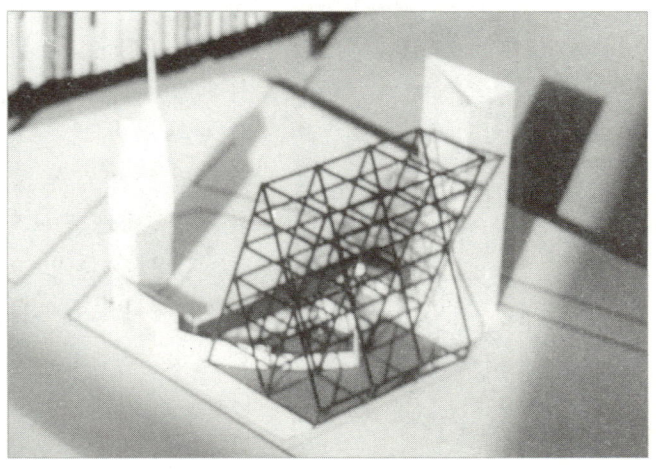

조건영, 「프랑소와즈 빌딩」 계획안.

「프랑소와즈 빌딩」은 형태와 형태 사이에 아무런 연관성도 가지지 않고 의미 내용도 희박하다. 그 건물은 비록 애석하게도 계획안에 그치고 있지만 조건영의 어떤 작품보다도 특별하며 거의 독보적이다. 「호남산부인과병원」에서 보여준 공간의 정돈된 질서를 「프랑소와즈 빌딩」 계획안에서는 이미 찾아볼 수 없다. 아니, 그 질서는 다른 방식으로 편입되어 있다. 그러나 일견 그렇게 대조적인 듯 보이는 두 작품에서도 공통점은 발견된다. 즉 공간의 혼재를 병적으로 기피하는 결백증이 그것이다. 「호남산부인과병원」에서는 당연히 그 엄격하고 구분된 질서 체계 안에서 너무 명확한 의도이다 싶게, 병원과 주택이 분리가 아닌 단절되다시피 계획되어 있다. 비록 두 공간을 연결하는 통로가 없는 것은 아니지만 그것은 분명히 보이지 않는 벽을 장치해놓고 있다는 느낌이다. 그 결벽증은 「프랑소와즈 빌딩」에서도 전자와 같은

조건영, 「불광동 브리지」, 서울, 1987.

엄격한 질서 안에서는 아니지만 역시 동일하게 나타나고 있다. 그러나 그 엄격함은 「호남산부인과병원」에서와는 달리 전체적인 공간의 성향에 대해 강한 리듬으로 작용하고 있다. 대중음악에서의 록 발라드의 강한 비트가 발라드의 감미로움을 방해하지 않고 그 정서를 강조하고 있듯이 작가가 쉬들켜버리는 공간의 혼재에 대한 병적인 질서는 「프랑소와즈 빌딩」을 더욱 돋보이게 만드는 드문 구실을 하고 있다. 그러나 그러한 논리적인 구별이 언제까지나 긍정적으로 작용하리라는 보장은 없다. 그것이 하나의 전형이냐, 아니면 상투성이냐 하는 문제는, 이 작가의 작업을 좀더 지켜봐야 알겠지만 자칫 전형이라 하더라도 그것은 이 작가의 전체적인 문맥에 치명적일 수가 있다. 왜냐하면 조건영의 생명력은 자유스러움의 전형조차 깨뜨려버리는 철저한 통찰을 바탕으로 한 부정의 방법론에 있다고 확신하기 때문이다. 「프랑소와즈 빌딩」은 작가의 그러한 부정의 정신이 어떠한 방법을 통해서 추구되는지를 거의 단서처럼 보여준다.

몽타주 —— 개체와 개체의 네트워크

아르놀트 하우저는 활동사진이 영화 예술로 발달하는 데에는 두 가지 업적이 그 기초를 이루고 있다고 했다. 하나는 미국의 영화감독 그리피스의 클로즈업의 발명이고 또 다른 하나는 러시아인들이 발견한 쇼트커팅이라는 새로운 화면 사진 수법이다. 이 두 가지 기법을 통해서 만들어진 몽타주는 어떤 흥분된 기분이나 불안, 전혀 다른 이미지들의 연속선상에서 연관되는 이질성의 효과를 표현할 수 있는 가능성을 한껏 열어놓았고 그것은 또 표현주의 영상을 가능하게 했다. 「프랑소와즈 빌딩」은 영화에서의 몽타주 수법이 3차원에서는 어떻게 전개되는가를 훌륭하게 보여준다. 자전거의 핸들과 안장을 보기 좋게 결합해서 「황소 머리」란 청동 조각 작품을 만들었던 피카소는 이렇게 이야기했다.

나는 이 세상의 모든 것을 미지의 적으로 본다. 세상의 모든 것이 새롭고 낯설게 보일 때 화가는 자유로운 형상을 만들 수 있는 것이다.

그러나 조건영에게 있어서 자유로운 형상은 무의미하다. 그는 세상의 모든 것이 낯설게 보일 때까지 기다릴 필요가 없다. 세상은 우리가 훈련받아왔던 세계가 이미 아니기 때문이다. 작가는 이러한 완고함과 대결한다. 상투적인 관념을 파괴하고 그 예리한 파편들을 몽타주시켜 다시 우리에게 보여준다. 그러나 큐비즘의 미학은 "나는 생각한다 고로 나는 존재한다" 식의 데카르트적 서구 합리주의를 더욱 진전시키

조건영, 「J&S 빌딩」, 서울, 1990.
김수근의 벽돌 건물과 아직도 1970년대의 골동품 사재기 취향의 복고가 가득한 동숭동에 「J&S 빌딩」은 충격적으로 들어섰다. 이후 동숭동의 가로는 지금의 인사동처럼 들썩였고 변화하기 시작했다.

결벽증과 몽타주의 논리 127

고 있지만 「프랑소와즈 빌딩」은 "꼴린다 고로 나는 존재한 다"(김용옥) 식의 본능적인 자연 발생에 더욱 가깝다. 이것은 서구 합리주의에 대한 명백한 반기인 동시에 기하학이 아닌 기하학적 원형에 진일보하는 또 다른 개화기의 선언이다. 그러기에 서초동 「우성 사옥」과 동숭동 「J&S 빌딩」은 하나의 전조에 불과한 것이었다. 단지 그것은 형태에 있어서 독특한 방언을 구사하고 있다는 것뿐이지 그 공간의 탐구와 치열한 작가 정신의 부재는 「호남산부인과병원」과 별다를 것이 없다. 그것은 마치 낙후한 근대적 가치들을 옹호하는 연설을 어느 후미진 낙도의 방언으로 유창하게 발설하는 정도일 뿐이지 그 이상도 그 이하도 아니다. 단순히 익숙지 않은 형태라고 해서 반사회성, 반현실성 운운하는 것은 다시 저 19세기에 낭비한 정신으로 돌아가자는 말과 별다를 바 없이 들린다.

이 두 건물은 그런 후퇴한 정신의 거리에서도 비슷하고 그 형태에 있어서도 전형(상투성?)이라 불러도 아무 문제가 없어 보이는 권선징악의 연작이다. 그러나 이 작품에도 버릴 수 없는 조건영 특유의 호흡법이 있다. 예컨대 그 지독한 공간의 혼재에 대한 결벽증과 뒤틀린 세계에 대한 고스란한 성찰이 그것이다. 그러나 그 세계 인식의 성찰에 대한 방법론으로서 작가가 「프랑소와즈 빌딩」에서 보여주었던 몽타주 수법이 유사한 두 작품에서는 보이지 않는다. 그것은 마치 고대 그리스인들의 기하학 체계처럼 너무 명쾌하다. 즉 평행한 두 직선은 영원히 만나지 않고 삼각형의 내각의 합은 언제나 180도이며 모든 직각은 서로 같고 이등변 삼각형의 두 밑각은 서로 같을 수밖에 없는 유클리드 기하학의 체계에 충실함을 보여준다. 작가는 어느 건축 관계자와의 대담에서 "이것이 전형으로의 가능성을 지니는가?"라는 질문에 대해 "전형이라고 하기에는 어딘가 맞지 않고 다만 얼마 동안 내가 추구하고 싶은 주제일 뿐이다"라고 대답한 바 있다. 리얼리즘에서의 전형이란 대개 개연성을 가리킨다. 즉 그렇게 될 것이란 것, 상식적인 범위 안에서의 보다 보편적인 설득력을 담지하고 있는 한정된 범위를 말한다. 따라서 한 작가의 전형이라고 말할 때 그것은 그 작가를 다른 작가와 구별해서 의미지워주는 중요한 변별성을 띠게 되지만 하나의 방법론에 국한된 이야기가 아니며, 오히려 방법론의 다양성 속에서 그것을 찾아야 할 것이다. 다양한 개체와 개체 속에서 분명히 통일된 하나의 세계 인식으로 그 개체와 개체를 연결하고 소통하게 해주는 네트워크의 고리, 그것이 바로 한 작가를 특징짓고 한 세계의 의미를 다양하게 표출해내는 힘일 수 있을 것이다. 이러한 견지에서 우리가 작가의 말을 액면 그대로 받아들인다면 「우성 사옥」과 「J&S 빌딩」은 얼마 동안 추구하고 싶었던 주제를 위한 연습곡에 지나지 않았던 것으로 윤색해서 이해해도 무방할 것이다. 형식의 전형이란 그것이 아무리 자신의 작품일지라도 하나의 모방에 불과하며 따라서 형식의 전형이란 있을 수 없고 오직 세계에 대한 냉철한 통찰만이 하나의 전형으로 존재한다.

쓰레기통 속에서의 결벽증

조건영의 작업들은 너무 건조하다. 그에게서는 김중업의 작품들에서 볼 수 있는 환의 세계란 눈 씻고도 찾아볼 수 없다.

> 건축은 인간에 대한 찬가입니다. 알뜰한 자연 속에 인간의 보다 나은 삶에 바쳐진 또 하나의 자연입니다(김중업).

그러나 조건영에게 건축은 인간에 대한 찬가일 수 없다. 오히려 인간에 대한 환멸이고 그 환멸에 대한 야유와 조롱이다. 그의 건축은 살고 싶어져야 하는 집이 아니라 절망의 동굴처럼 보이고 꿈은커녕 칼날 같은 예각과 파이프 클러스터의 비관적 시각만이 그 안광을 더한다. 그러나 김중업의 지붕은 비상하려는 욕구로 팽팽히 긴장한, 바람 가득한 새의 날갯짓을 이미지화한다. 김중업은 이 노곤한 지상에서 금방 떠올라 저 푸른 창공의 구름 한가운데를 뚫고 신세계로 향하

조건영, 「팬텍 사옥」, 서울, 1998.
나는 사석에서 "저 뾰족탑을 그만 쓰"라고 조건영에게 말한 적이 있다. 그러나 그의 대답은 "딱 네 번만 봐줘"였다. 그 후 그는 네 번을 넘어서 아직까지 계속해서 뾰족탑을 쓰고 있다. 이것을 개인적인 취향이라고 봐줘야 하나? 아니면 키치인가, 매너리즘인가?

고자 하는 욕구로 가득 차 있다. 「주한 프랑스 대사관」은 예술적 감흥으로 우리를 몰아넣고 제주대학교 「본관」은 세기말의 종말론적 논의를 일시에 불식시키고 있다. 그러나 그런 이유로 조건영의 작업들이 김중업과 대척점에 서 있다는 것은 아니다. 그는 다만 상실한 꿈을 노래하기보다는 부재의 꿈을 부재의 상태로 보여준다. 미래의 화려한 청사진과 종말론적인 절망이 모두 부재한다. 가치의 중립과 가치의 부재, 주체의 상실, 전망의 절망이 극단적으로 나타나 있다. 그의 작품에서 하나의 상징으로 나타나는, 하늘 높이 솟아오른 예각의 형태미는 위대한 선배 김중업의 그것과는 분명히 다르다. 그 날카로운 콘크리트 모서리는 기하학적 논리의 움직일 수 없는 체계를 여실히 드러내줄 뿐이다. 낭만주의적 천재성을 비웃는 이 논리적인 힘이야말로 조건영의 작품 세계에 일관되게 나타나는 주제라고 할 수 있다. 그러나 그 논리의 힘은 근대적 이성주의의 논리와는 엄청난 시각 차이를 보여준다. 따라서 '그의 건물들은 지극히 상업적이다'라고 말할 때의 상업적이란 말은 전적으로 '경제적이다'라는 의미로 받아들여져야 한다. 실제로 그의 작품에서는 벽돌과 콘크리트, 유리, 페인트 그리고 외벽 마감으로는 시멘트 뿜칠이 전부이다. 저 싸구려와 아무런 세부 표현도 없는 형태가 건축이라니.

상황주의적 불안

칼 포퍼는 『열린 사회와 그 적들』의 마지막 장에서 역사는 도대체 의미를 가지고 있는가? 라고 묻고 단호하게 아무런 의미도 가지고 있지 않다고 대답하고 있다. 또 인류의 역사란 없다고 선언하듯 말하며 '정치권력의 역사를 국제 범죄와 집단 학살의 역사 이외에 아무것도 아니라고 역설하며 그러

조건영, 「역삼동 주택」, 서울, 1989.
이 건물에서는 건물을 지탱하는 구조들이 모두 밖으로 튀어나와 있다. 건물은 마치 그네처럼 기둥에 매달려 있다.

한 역사를 학교에서 가르치고 있기 때문에 극악무도한 범죄자들이 역사의 영웅으로 찬양된다고 비웃는다. 그리고 권력의 역사가 우리의 심판대라는 생각을 버릴 때, 역사가 우리를 정당화해줄 것인가에 대해 염려하는 버릇을 끊어버렸을 때, 그때에서야 비로소 우리는 권력을 길들이는 데 성공하게 될 것이다. 이리하여 우리는 우리 나름대로 역사를 정당화할 수 있을 것이다'라고 결론짓는다. 인류의 꿈과 이상이란 언제나 천재와 이데올로기의 사제들만의 것이었다. 그것은 고귀한 가치로 인정되었고 정치권력에 의해 교묘히 이용되어왔다. 그 고귀한 이상을 위해서는 전쟁과 방화, 테러가 끊임없었고 그 이상을 위해 죽음은 오히려 기꺼이 명예로 칭송되었다. 그러나 이제 서구 합리주의의 역사가 종말을 고하고 아도르노의 말대로 소통적 이성의 시대가 도래했거나 도래할 것이다. 전 시대에 대한 전면적 부정의 시기인 현대는 모든 것이 재조정되고 해체되며 상실감과 부재감, 안주할 주체가 없는 불안정한 에너지를 보여주고 있다. 이러한 불안감은 건축에서도 예외일 수 없다. 그중에서도 조건영은 마땅치 않은 전위에 서 있다. 「프랑소와즈 빌딩」과 「역삼동 주택」에서 상황주의적 혼재는 더욱 두드러진다. 시원하게 드러난 구조체, 마당을 둘러싼 벽체의 물결, 지붕면의 파격적인 조형성 그리고 무엇보다 참신한 창의 변화가 「역삼동 주택」의 불안한 사고를 느끼게 해준다. 「불광동 주택」에서의 대각선으로 치고

「역삼동 주택」

들어오는 연결 구조물의 대담함을 보라. 그야말로 경제적인 공간의 효율성은 시대가 둘러댄 한갓 핑계임을 증명해주고 있다.

추상성과 대중성

조건영의 형태는 기하학적이라기보다는 추상적이라고 표현해야 더 정확하다. 그는 빛과 오브제의 충돌에 의한 최적의 형태를 끄집어낸다. 현대의 조각은 관람자의 시선을 중요시하고, 관람자의 공간 체험을 중요시하면서 거대화되어가고, 그 소재도 콘크리트나 벽돌 등 건축적인 재료들이 많이 쓰이고 있다. 즉 단순히 보는 조각에서 체험을 중요시하는 조각이 등장하게 된 것이다. 당연히 조각가는 공간 체험자의 심리 상태에 주목하는데, 조각품의 위치, 방향, 빛의 강약 등을 공간적으로 재배열하는 작업을 거치게 된다. 그리고 그러한 조각 방법은 근대 건축의 자리가 어느 정도 와해된 현재에는 아주 중요한 건축 계획의 요소로서 작용되고 있다. 또 하나, 건축은 다른 예술 장르들과는 달리 대중적일 수밖에 없다. 건축에서의 파격적인 형태라는 것은 건축 어휘 내에서의 파격이지 일반적이고 보편적인 어휘로서의 파격은 아니다. 조건영도 이 점에서는 예외일 수 없다. 따라서 조건영의 파격적인 형태미는, 반사회적인 의지라거나 기하학적인 합리성을 띤 구성주의와, 도발적 형식이라거나 진보적 아방가르드라거나 하는 정의와는 어느 정도 거리가 있다. 그의 형태미는 오히려 전통적이라는 의미에서 대중들의 관심을 유발한다. 바로 이 포근한 교차점에서 건축의 추상성과 대중성이 행복하게 조우한다.

그러나 아직 그것은 혼잣말이고 자기 고백에 지나지 않으며 그 언어는 이질적이다. 그렇지만 그 독백은 대중을 향해 꾸준히 말을 걸어오며 대중들을 설득하고 있다.

문을 나가며——벙어리, 더듬대는 건축 언어

우리 세대의 젊은 시인 진이정은 통찰은 혼돈에서 나온다고 통찰한 바 있다. 예컨대, 많은 젊은이들이 아이를 낳지 않겠다는 강한 의지를 표명하고 이혼율이 늘며 이혼 경험자 간의 재혼이 늘고 블루칼라가 줄고 화이트칼라가 급증하는 현상은, 우려했던 대로 성 윤리가 정해진 수순으로 파괴되고, 정치적으로는 탈이데올로기의 새로운 상황 앞에 서 있는 우리의 혼돈을 말해준다. 문명의 황금 잣대를 잃고 만 지금 이 변혁의 시기에 우리는 어떤 통찰을 이끌어낼 수 있는가? 통찰은 정말 가능한가?

건축은 하나의 언어 현상이고 도시는 거대한 문장의 구조와 같다. 건축가는 자신이 드러내고자 하는 표현의 욕구를 조형 언어로 통역해내고자 한다. 그것은 끊임없는 불통의 시행착오를 거듭하게 되는 말더듬이의 작업이며 어쩌다 내뱉는 벙어리의 괴성과 같다. 따라서 도시는 소음의 공명관처럼 알아들을 수 없는 불협화음의 응고체로 남는다. 사람들은 더 이상 꿈꾸지 않는다. 집단적 이상의 허구 속에서 독백하며, 토하고, 배설한다. 공간과 공간의 통사적 의미는 그 지시성을 상실하고 도시는 신음으로 가득 차게 된다. 마찬가지로 인간과 인간의 관계는 사라지고 고독한 개인은 점점 더 자폐적으로 내면화해간다. 그리고 그는 억압된 자아를 폭력으로 보상받고자 한다. 원형의 공간인 양수의 바다를 빼앗긴 그는 다시 의사 불통의 외마디 비명을 지른다. 그 외마디 비명은 말더듬이의 건축물이 두런거리는 도시의 벽면에 한 번 힘껏 메아리치지도 못한 채, 소리나자마자 사라져버리는 슬픈 시니피에signifié일 뿐이다.

텍스트의 건축가 조건영 역시 조증과 울증 사이를 헤매고 있다. 그러나 그는 최소한 자신의 병듦을 인식하고 있거나 자신의 더듬거리는 어투에 대한 분명한 콤플렉스를 가지고 있는 작가다. 말의 참을 수 없는 욕구와, 말할 수 없음의 말할 수 없는 억압의 그 중간에 상상의 세계가 있다. 그러곤 상상의 세계는 곧 고도의 상징성으로 드러난다. 자크 라캉은 상상 세계로부터 상징 세계로 전이하는 동력을 오이디푸스 콤플렉스라고 보았다. 즉, 상징 세계는 상상 세계의 무덤이다. 그곳은 금지와 대립과 반목의 세계이며, 그 가운데 하나가 근친상간의 금지라는 것이 라캉의 설명이다. 근친상간이라는 것은 체계에 대한 와해를 뜻하고 주체의 상실로 인한 모호함과 혼돈의, 모든 것이 파편으로 존재하고 아버지와 나의, 나와 어머니의, 어머니와 아버지의 고리를 단절시키는 행위다. 나는 어머니의 아들인 동시에 남편이며 아버지의 지어미를 아내로 맞아들인, 회귀할 곳이 없고 해체된 자아이다. 그런 의미에서 조건영의 작품 세계는 그러한 오이디푸스 콤플렉스로 가득 찬 상징의 세계를 그대로 재현해 보인다. 그는 건축적 낭만주의를 끝장내고 있다. 현실을 포장하지 않으며 지리멸렬하게 해체된 상황을 지리멸렬하게 잡아낼 뿐, 건축이 단순히 예술을 담는 그릇에 불과하건 아니면 예술이건 간에 조건영은 예술의 유토피아를, 어느 곳에서도 존재하지 않는 outopos 절망적인 현실을, 그대로 재현한다. 그리고 무엇보다도 그의 작품은 본능적이다. 본능처럼 피곤한 게 또 있을까? 그가 이 피곤을 느낄 때 그의 함정이 마련되리라.

밀교적 어둠의 세계
— 곽재환론

　곽재환의 철학적 주제는 인간의 심성에 내재해 있는 우주적 본성의 발견에 있다. 그리고 그것이 바로 그의 건축적 주제이다. 그렇게 말하고 나니까 어딘가 이상하다. 왜냐하면 철학적 주제와 건축적 주제가 일치한다는 말은 철학-건축을 왕래하는 의미 작용에서 철학을 건축이게 하는 연결 고리가 빠졌다는 뜻이기 때문이다. 그러나 이 말도 틀렸다. 왜냐하면 '건축적 주제'를 건축을 포함한 삶의 태도로 해석할 때 철학-건축은 하나로 이해될 수 있기 때문이다. 그러나 '건축적 주제'를 '건축 예술'의 주제로 볼 때 우리는 다시 연결 고리가 빠진 철학-건축으로 돌아간다. 그렇다면 이제야 우리는 이렇게 한번 이야기해볼 수 있을 것이다.

　인간의 심성에 내재한 우주적 본성의 발견은 곽재환의 철학이 끊임없이 탐구하는 주제이며, 그의 건축 예술의 욕망이다. 그런데 이렇게 이야기하고 보니까 말은 되지만, 그럼, 곽재환의 건축 예술의 주제는 무엇인가 하는 문제가 여

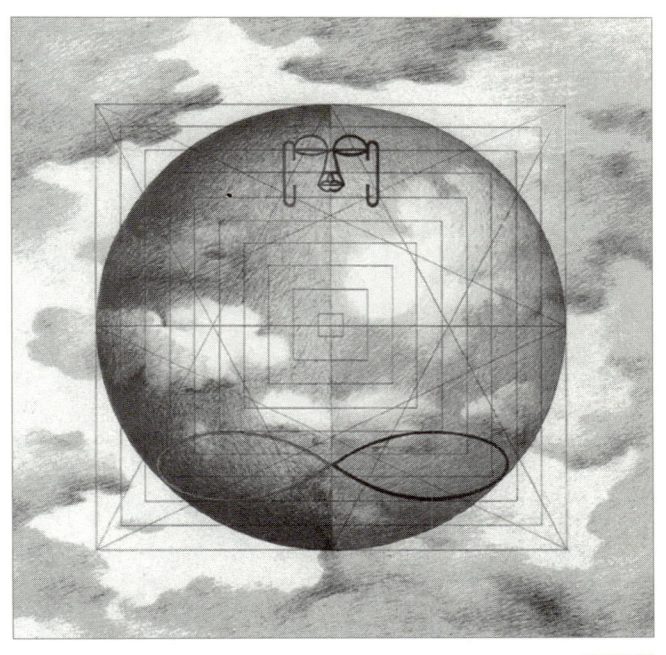

곽재환, 「고요한 비례」.

전히 남는다. 곽재환의 건축에는 다시 욕망-주제의 연결 고리가 부재한다. 철학-건축의 연결 고리가 장르적 변환을 가져온다면, 욕망-주제의 연결 고리는 아마도 장르 내적인 방법적 전략과 긴밀하게 대응하고 있을 것이다. 만약 이 가설이 참이라면 곽재환의 건축에는 (장르로서의) 건축도 없고, 당연히 (건축의) 방법론도 없다는 이야기가 된다. 이 결론은 논리적으로 흠이 전혀 없다. 그의 건축에는 건축이 없다는 말이다. 그렇다면 곽재환은 대체 어떤 꿈을 꾸고 있는 것인가?

직관과 감각

우리는 자신이 읽은 책 중에서 어렴풋이 기억은 나지만 정확하게 어떤 내용인지, 그리고 어떤 책이었는지조차 알 수 없는 경우가 종종 있다. 그럴 경우 우리는 일단 우리의 머릿속에 남은 기억, 그러니까 그것이 역사에 관계된 것인지 아니면 예술에 관계된 것이었는지를 떠올리고 소장 도서들을 뒤지게 된다. 그리고 선택한 책에서 자신이 찾는 내용을 짚어가기 시작한다. 그럴 때 가장 편한 것은 역시 색인이 정리되어 있는 경우이다. 색인을 뒤지면서도 아직 자신이 찾는 내용을 보여줄 만한 단어를 떠올리지 못한 경우라도 우리는 분류된 단어들 간의 상관관계를 짚어가면서 그 단어를 찾아내고 내용을 확인할 수 있다.

우리가 어떤 것을 찾아내고자 할 때 우리가 사용하는 방식은 대개 두 가지이다. Top Down 방식과 Bottom Up 방식이 그것이다. Top Down 방식은 전체적인 그림을 그리고 세밀하게, 보다 구체적으로 찾고자 하는 범위를 축소해나가는 방법이다. 논리학에서는 연역법이 Top Down 방식에 해당하는데, 우리가 인터넷 검색 엔진의 메인 화면에서 여러 개로 분류된 항목 중에서 하나를 선택하고, 그 안에서 다시 세부 항목을 선택해 들어가는 것이 Top Down 방식의 대표적인 활용 예일 것이다. 어떤 현상을 연구할 때 일단 가설을 설정하고 이의 증명을 위해 관련 내용들을 링크하며 가설의 논리적 오류를 제거하고 설득력을 주는 방법도 마찬가지이다. 그에 반해 인터넷 검색창에서 원하는 단어를 가지고 찾는 방법이 Bottom Up 방식이다. 사물에 대한 정보를 인지할 때 인간의 뇌는 이 두 가지를 모두 수행한다. 이것이 직관intuition과 감각sense이다.

직관은 흔히 아무 맥락이 없는 듯 보이기도 하는데 사실은, 이미 자신의 내부에 존재하고 있는 분류 체계에 따라서 인지한 정보를 개념화하는 것이다. 감각이 있는 그대로의 개별 사실에 따라서 닮은 인자들을 골라내는 것에 비하면 직관은 대상을 '개념화'한다는 데서 차이가 있다. 그러나 직관적 사고는 가끔 귀납적 사고의 속성을 가진다. '전체는 부분보다 크다'라고 했을 때, 이 명제는 보편 명제이면서 경험의 한계일 수도 있다. 따라서 직관적 결론은 지식의 새로운 가능성을 제공해주지만 동시에 엄밀한 검증을 요구하기도 한다.

그런 점에서 곽재환의 건축은 철저하게 직관적이다. 물론

곽재환, 「은평구립도서관」 내부, 서울, 1997.
「반영정」의 물에 비친 건물과 건물 위를 떠가는 하늘의 풍경 — 곽재환에게 있어 우주는 곧 내 몸이다. 왜 그런가라는 질문은 그의 몫이 아니다. 그는 달리 그렇다고 생각할 뿐이다. 그는 건축과 철학을 혼동한다. 그의 건축은 그런 혼동에서 나온다.

그의 직관에도 귀납적 속성이 분명히 존재하지만 곽재환은 의식적으로 감각의 문제를 숨겨둔다. 왜냐하면 그의 건축의 욕망은 앞서 살펴본 '철학-건축' '욕망-주제'의 연관을 훌쩍 건너뛰어서 그의 철학적 주제와 일치하기 때문이다. 그래서 그의 철학과 건축 사이에는, 그리고 욕망과 주제 사이에는 연결 고리가 없다. 왜냐하면 하늘에는 그림자가 없기 때문이다.

우리들의 전선은 지도책 속에는 없다
그것은 우리들의 집안인 경우도 있고
우리들의 직장인 경우도 있고
우리들의 동리인 경우도 있지만
보이지는 않는다
〔……〕
우리들의 싸움은 하늘과 땅 사이에 가득 차 있다
민주주의의 싸움이니까 싸우는 방법도 민주주의식으로 싸워야 한다
하늘에 그림자가 없듯이 민주주주의 싸움에도 그림자가 없다
하…… 그림자가 없다
　　　　　―김수영,「하…… 그림자가 없다」에서

　상황에 따라 참여시로 읽을 수도 있지만, 이 시는 명명백백함을 지향하는 동양의 이상적 인간으로서의 군자관을 바탕으로 하고 있다. 모더니스트 김수영의 근저에는 그 '더러운 전통'[30]이 있었던 것이다. 곽재환의 의식 속에도 이런 동양의 세계관은 뿌리 깊이 박혀 있다. 김수영의 "하늘에는 그림자가 없"다는 말은 곽재환에게서는 "天地與我同根, 萬物與

---

30) "전통은 아무리 더러운 전통이라도 좋다"(김수영,「거대한 뿌리」에서).

我一體"³¹⁾라는 선가의 말로 요약될 수 있을 것이다. 전자가 태도의 문제라면 후자는 본질의 문제이다. 『논어』의 이성주의가 말해주듯이 태도에는 상대적 인과의 문제가 중요시되지만 본질에는 인과가 필요없다. 그런 인과들은 모두 개념화되어 직관으로 실리면서 작용한다. 그래서 곽재환에게는 철학을 건축으로 구현하는 매개는 없거나 의도적으로 가려진다. 따라서 곽재환의 건축이 꾸준히 바라보는 것은 오직 '뿌리' 하나이다. 그리고 그것이야말로 「은평구립도서관」에서, 「제일영광교회」에서, 「비전힐스」에서 지속적으로 탐구되고 있는 하늘의 실체이다.

---

31) "천지가 여아동근이다" 즉, 하늘과 땅이 나와 더불어 같은 뿌리라는 것은 모든 것이 한결같이 가없는 자체에서 비롯되었다는 말이며, "만물이 여아일체이다" 즉, 만물이 나와 더불어 한 몸이라는 말에서의 일체란 하나의 몸을 말하는 것이 아니라 모든 불성이 가없는 자체로 서로 상즉(相卽)한 온통인 몸을 말하는 것이다. 곽재환은 '균형과 축'을 설명하면서 이렇게 말하고 있다. "내가 추구하고 있는 것은 자연에 대한 단편적인 분석을 통한 통합의 방식이 아니라 자연과의 끊임없는 교감을 통한 균형에 대한 모색이다." 여기에서 "균형이란 정적인 균형이 아니라 동적인 균형으로서 언제나 두 극점 사이의 적극적인 상호 작용의 관계에서 비롯된다"고 밝히고 있다.

포에티카〔poetic-architecture〕

그의 건축이 직관에 기대면서도 모호하지 않은 이유는 앞서도 밝혔듯이 이미 자신의 내부에 존재하고 있는 분류 체계에 따라서 인지한 정보를 개념화하고, 그것들을 의식적으로 링크시키고 있기 때문이다.[32] 사실 자기 건축이 형상화되는 과정을 곽재환처럼 확실하게 보여주는 건축가도 드물다. 그런데 곽재환이 보여주는 건축의 형상화 과정에는 다른 건축가와 구별되는 한 가지 특이한 지점이 노출되어 있다. 보통 어떤 작품이 구상되고 결과물이 나오기까지의 과정에는 (꼭 이런 단계를 거치는 것은 아니겠지만) 구상——구성——형상(구축)의 단계가 있다. 그러나 곽재환은 그 맨 앞에 '자아'를 두고 시작한다. 그리고 '형상(구축)'에서 끝나지 않고 그 뒤에 '암시'와 '객체'의 단계를 둔다. 이것은 다시 앞에 놓여진 '자아'를 설명하고 있다. 말하자면 그가 생각하는 건축의 방법은 '구축'됨으로써 완성되는 것이 아니라 그것이 작가를 떠나 완전히 객체화되었을 때 끝난다. 아니 이 말은 틀렸다.

---

[32] 그런 맥락에서 곽재환이 시의 세계와 수의 세계를 동일 선상에서 파악하고 있는 것은 필연적으로 보인다. "시의 세계와 수의 세계가 합쳐진 것이 건축입니다. 콘크리트의 비인간성은 바로 건축이 시의 세계를 잃어버렸기에 빚어진 결과라고 할 수 있어요"(『지성과 패기』, 1996).

다시 '자아'로 돌아간다.[33] 그의 건축은 완성되지 않는다. 그의 건축이 시를 지향할 수밖에 없는 이유다.

그러니까 곽재환의 건축 어디에나 풍부하게 녹아 있는 시적 감수성은 결코 우연이 아니다. 그리고 그의 시적 감수성은 그의 건축이 거대한 자연에 대한 경외로 다가서게 하는 가장 중요한 이유가 된다. 그렇게 생각해보면 우리의 일상에서 나무나 풀, 산과 강 같은 것 중 그 무한함을 단박에 느끼게 해주는 것은 역시 하늘이다. 하늘은 자신의 광대무변을 어느 것에도 투영하지 않는다. 하늘에는 그림자가 없다.

그림자는 악마에게 그림자를 팔아버린 사내의 우화가 이야기해주듯이 존재를 드러내주는 동시에 공간을 점유하고 있는 존재의 영역을 대변한다. 곽재환이 그의 '형상 전개의 8단계'의 마지막에 '소멸'을 이야기하고 있듯이 그는 건축의 그림자를 없애고자 욕망한다. 그림자를 없애버린다는 것은 존재를 무화시켜버린다는 것이다. 그러면서 곽재환이 다시 '자아'로 돌아간다는 것은 질적 변환을 거치는 운동의 과정에 주목한다는 것을 말해준다. 「솔의 집」에서 본체와 완전히 분리되어 들어 올려진 경사 지붕은 본체를 관통하고 있는 독립된 기둥에 의해 지탱되고 있는데 건축가가 굳이 이런 구조

---

33) 곽재환은 그의 형상 전개의 8단계에서도 침묵—생성—구상(心象과 概念)—성립—구성(內面과 外面)—형성—구축(實相과 氣色)—소멸로, 그리고 소멸에서 침묵으로 다시 순환한다.

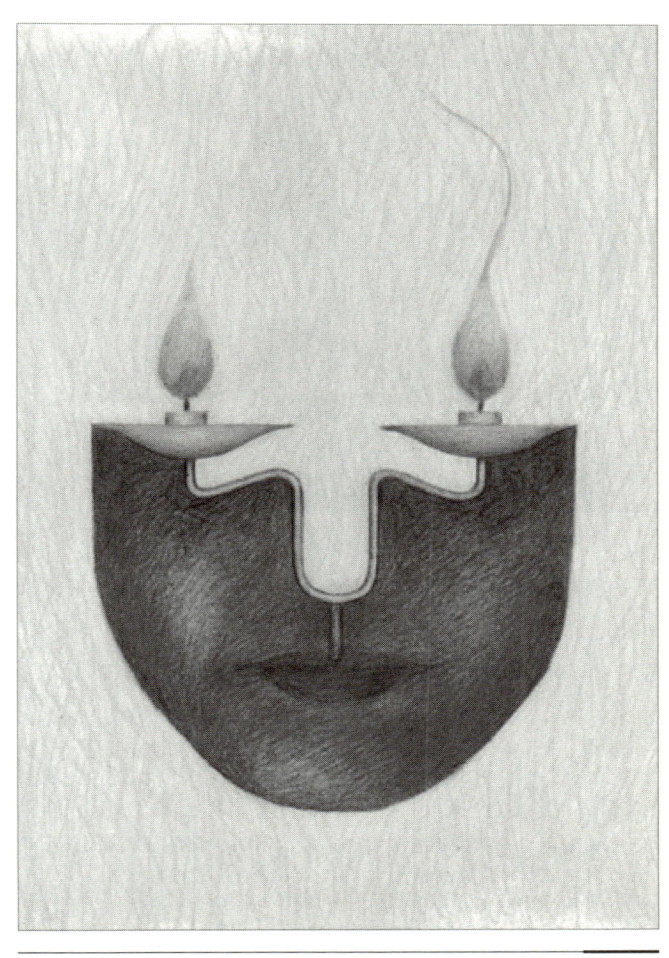

곽재환, 「고독한 몽상가」.

조르조 데 키리코, 「거리의 신비와 우울」, 1914.

적 해결을 사용하는 것은 분명히 하늘을 관조하려고 하는 작의로 보인다. 아울러 곽재환이 그의 작품에서 꾸준히 하늘에 집착하는 이유는 그것이 그의 건축의 '뿌리'이기 때문이다.[34]

---

34) 곽재환은 오브제와 계단을 설명하는 글에서 이렇게 하늘에 매혹된 자신을 이야기한다. "일상을 비일상으로 이화(異化)시켜주는 오브제는 건조한 삶에 꿈을 초대하고자 하는 노력의 산물이다. 그 꿈을 향하여 무심코 걷다 보면 나는 언제나 옥상에 이르는 계단 앞에 발이 머문다. 그 계단은 동심의 세계로 향하여 난 작은 오솔길이며 하늘로 이어진 산책로이기 때문이다. 어떻게 하여야 유년 시절의 하늘을 다시 만날 수 있을 것인가. 나는 하늘로 향하여 항상 끝없이 걸어 들어가고 싶은 충동에 시달리고 있다."

비교적 초기작에 해당하는 「솔의 집」은 곽재환 건축의 자연에 대한 경외를 일찌감치 드러내주고 있다는 점에서 많은 것을 시사해준다. 사실 「솔의 집」에서 본체를 구성하고 있는 실들은 아무 의미가 없다. 이 집은 오로지 지붕만 있는 집이라고 해도 좋을 정도로 지붕과 지붕을 받치고 있는 기둥이 다소 과도하다 싶게 부각되어 있다. 더군다나 기둥을 중심으로 방은 외부에서 완전히 시각적으로 관통되어 있다. 즉 외부에서도 이 기둥이 무엇을 지탱하고 있는지 다 알 수 있게 되어 있다는 것이다. 그렇게 보면 곽재환은 처음 시작부터 자기의 길을 알고 있었던 것이고 지금까지 그것을 꾸준히 일관되게 추구해왔던 것이다. 어찌 보면 지독하다 싶을 정도로 (나는 그의 작품들을 다시 일별해보면서 질려버렸다) 그는 흔들림이 없었다.

어둠

역시 같은 주제가 반복되고는 있지만 「응백헌(凝白軒)」은 건축가의 유년의 추억이 건축적 지향점으로서의 하늘의 자리를 대신하고 있다는 점에서, 그리고 건축 예술로서는 드물게 작가의 개인적 체험이 작품에 투사되고 있다는 점에서 독특한 자리를 차지한다. 「솔의 집」이 지붕밖에 없는 집이라면

「웅백헌」은 마루밖에 없는 집이다. 마루가 만들어지는 과정도 재밌다. 이 집을 온통 점령하고 있는 마루는 무엇에 '의해서' 점령되고 있다. 마루를 '점령'하도록 하는 그 무엇은 벽이다.「웅백헌」의 벽은 일종의 커튼처럼 작가의 유년의 기억을 현실로부터 차단하고 있다. 마루는 그 차단의 리듬을 타고 사이사이에 자리잡고 있는데 한마디로「웅백헌」의 마루는, 유년의 보호막으로서의 벽을 씨앗으로 삼아 자라는 나무와 같다. 그리고 그 옥상에는 박공지붕을 한 작가의 유년이 아주 낯설고도 충격적으로 서 있다. 그것은 독립적으로 아무 맥락 없이 1층의 외부로 휘어지고 안으로 꺾인 커튼(벽)과 유리된 채 부유하고 있다. 그곳은 곽재환의 말대로 "일상을 떠나 일상을 가늠하며 생활을 가다듬던," 이제는 사라져버린 누마루이고, 되돌아갈 수 없는, 현실의 장소성이 부재하는 추억의 장소이다. 그리고 이 집이 구현하고자 했던 부재하는 현실의 장소성이자 현존하는 추억의 장소는 그 개념의 운명을 따라 지어지지 못했다.

곽재환의 건축의 욕망, 혹은 철학적 주제(「솔의 집」의 경우)와, 현실에 부재하는 추억의 장소성(「웅백헌」의 경우)이 가장 간명하게 드러났던(「웅백헌」의 경우 그래서 괴기스럽기까지 하다) 이 두 경우의 실험이 단지 계획안에 그쳤다는 것은, 단지 지어지지 못해서가 아니라 곽재환 건축의 불모성을 대변한다는 점에서 의미심장하다. 그러나 그 불모성은 꽃피

우지 못하는 불모성이 아니라,

> 나와
> 하늘과
> 하늘 아래 푸른 산뿐이로다.
>
> 꽃 한 송이 피어낼 지구도 없고
> 새 한 마리 울어줄 지구도 없고
> 노루 새끼 한 마리 뛰어다닐 지구도 없다.
>
> 나와
> 밤과
> 무수한 별뿐이로다.
>
> 밀리고 흐르는 게 밤뿐이요,
> 흘러도 흘러도 검은 밤뿐이로다.
> 내 마음 둘 곳은 어느 밤하늘 별이드뇨.
> ——신석정, 「슬픈 구도(構圖)」 전문

와 같이 장소의 부재를 뜻한다. "흘러도 흘러도 검은 밤뿐"인 부재, 그리고 그것이 곽재환 건축의 어둠을 이루고 있다. 그러고 보면 빛과 어둠이 한 몸이라는 것은 참 뻔한 이야기

밀교적 어둠의 세계 153

이다. 신의 얼굴과 악마의 얼굴이 동전의 양면과 같다는 이야기도 참 뻔하다. 그러나 어쩌랴 나는 지금 그 뻔함이 주는 낯섦에 대해서 말하지 않을 수 없다. 그렇게 보면 광대무변한 하늘을 건축에 끌어들이고자 하는 곽재환의 노력과 이 어둠은 흡사 심각하게 배치되어 있는 듯하다. 그러나 그 두 가지 모두가 곽재환의 무의식 깊숙한 곳에 자리하고 있는 어떤 충격과 무관하지 않다고 가정할 때 그것은 모종의 연관성을 가지고 다가온다. 그 충격이 무엇이었나 하는 문제는 빛과 어둠이라는 방정식을 풀기 위한 하나의 가정이라고만 해두어야 할 것 같다. 그리고 우리는 그 가정이 성립할 수 있는 여건을 「제일영광교회」에서 볼 수 있다.

관념적 스케일

「제일영광교회」는 그 자체로 하나의 어둠이다. 내 생각에, 여기에서 곽재환이 그리고 있는 매스는 거의 무의식의 발로인 것 같다. 초현실주의 시인들의 자동 기술처럼 작가는 연필 가는 대로 자신을 내맡겨버린 듯 이 교회의 매스들은 서로가 서로를 부정하면서 이어지고 있다. 정면도의 균제된 형태는 계단 매스에 의해서 부정되고 목양실과 자모실의 기능에 의해서 다시 부정된다. 말하자면 작가는 그저 연필이 그

곽재환, 「제일영광교회—하늘기도소」, 서울, 1998.
마치 키리코의 작품을 보는 착각에 빠져들게 한다. 곽재환에게 있어 건축은 고요한 심상을 그리는 것이다.

밀교적 어둠의 세계 155

곽재환, 「반영정의 초대」.

리고 있는 여러 궤적들을 선택적으로 차용해서 쓰고 있을 뿐이라는 이야기이다. 그래서 「제일영광교회」는 그려진 것이 아니라 지우면서 만들어나갔다는 말이 된다. 무엇을 선택한다는 것은 무엇을 버리는 행위를 수반한다. 곽재환의 경우에 이 버린다는 행위가 강조되는 것은, 그가 그린 것보다 더 많이 버린다는 것에 의해 규정되는 게 아니라, 많이 버리는 만큼 더 많이 그린다는 데 있다. 더군다나 그에게 있어 그린다는 행위는 거의 의식의 무장 해제 상태를 뜻한다. 자동으로 그려나가는 것이다. 그럴 때에야 비로서 지워나가면서 만들어지는 것이 가능해진다. 그래서 곽재환의 입면은 어울리지만 합리적으로 보이지는 않는다. 맥락은 없지만 총체적이다. 유기적이지는 않지만 관계가 있다. 마지막 말은 분절되어 있지만 유기적이라고 말해도 좋을 것 같다.

그래서 곽재환의 건축적 스케일은 측정 불가능하다. 직관을 통해 본질을 단번에 꿰뚫고자 욕망하는 그의 건축은 그래서 언제나 무거운 침묵으로 시종일관한다. 「제일영광교회」는 그 어둠을 형태와 기능을 통해 단적으로 드러내준다. 이 교회의 기능은 예배실이나 목양실 같은 프로그램에 있는 것이 아니라 단언하건대 어둠에 있다. 형태는 마치 사과 껍질을 깎아내듯이 이 어둠을 지하에서부터 살짝 들어 올리는 것으로 그친다. 이 「제일영광교회」에서의 어둠은 곽재환의 다른 작품들보다 훨씬 직접적으로 그의 무의식을 표상한다. 마치 달리의 그림을 보는 듯한 떠 있는 십자가, 반복적으로 나 있는 격자창(곽재환 건축에서 끊임없이 나오는 이미지이다), 종탑을 기점으로 지하로 들어가는 계단은 오르페우스의 신화를 상기시키며, 이것은 다시 「은평구립도서관」에서 좀더 극적으로, 다른 양상으로 반복 사용된다(나중에 다시 이야기되겠지만, 사실 그런 신화적 요소의 차용이란 점에서 보면 「제일영광교회」가 계획된 순서상 나중이긴 하지만 「은평구립도서관」의 전초전에 지나지 않는다).

따라서 곽재환의 건축은 몸이 느낄 만한 공간감이라는 것에서 늘 무미건조하다. 그도 그럴 것이 그의 건축은 이제까지 살펴보았듯이 실제적인 스케일에 의존하기보다는 전적으로 관념적인 스케일에 의존하기 때문이다. 그가 생각하는 우주라는 것도, 자연이라는 것도 사실은 물리적으로 현존하는 개념이 아니다. 그것은 모두 그의 관념 속에 존재하며 그의 건축은 그 관념과 현실의 긴장 속, 혹은 사이에 있다. 그 사이를 만들어내는 힘이 바로 장소의 부재에서 오는 불모성, 곽재환의 어둠이다. 「제일영광교회」는 그의 그런 생각들을 잘 들켜(?)주고 있어서 즐거운 작품이다. 「제일영광교회」는, 무엇보다 그 형태에 있어 낯설며, 그 낯섦은 작가가 사용하고 있는 스케일의 다름에서 오는 이상한 거부감을 우리로 하여금 준비할 수 있게 해주는 역설로 작용한다는 점에서 곽재환 건축의 키워드가 된다.[35]

「제일영광교회」의 어둠이 가려져 있다면 「비전힐스」의 어둠은 유지되고 있다. 이 골프 클럽 하우스는 아예 경사지를 절개하고 지하에 숨어 있다. 「제일영광교회」의 어둠을 감싸고 있는 이상한(?) 껍질이 「비전힐스」에서는 자연의 문맥으로 치환된다. 그리고 건축가는 그 어둠에 빛을 들여보내면서 내부

---

35) 이 작품을 홀 Steven Holl의 형태가 주는 느낌과 비교해서 살펴보면 두 건축가의 차이와 그들이 기대고 있는 공통된 언덕을 짐작해볼 수 있을 것이다. 홀과 곽재환의 매스는 지워나가기의 방식에 의해 만들어진다. 내 생각이지만 그 둘 사이에는 어떤 건축적 혈연관계가 있는 것 같다.

에서는 빛과 어둠의 강한 대비를 준다. 어둠은 빛에 의해 사라지지 않고 하나의 오브제로 유지된다. 「비전힐스」는 비록 여러 가지 복잡한 매스들이 지표 위로 솟아 있긴 하지만 (더 높은 레벨의 진입부에서 볼 때) 서로 다른 레벨의 두 지표면이 겹치면서 건물이 사라지도록 의도되었다는 것을 쉽게 눈치챌 수 있다. 그러나 실제로 그렇게 해서 건물이 사라지는 일은 벌어지지 않는다. 곽재환이 「비전힐스」에서 그동안 은유로 지워버렸던 건축을 실제로 지워버리려고 계획한 것은 이루어질 수 없는 꿈이 틀림없다. 건축의 사라짐을 건축의 완성으로 생각하는 이에게 건축은 얼마나 비극적인 것이겠는가? 곽재환의 관념의 스케일은 그런 비극을 극복하기 위한 장치이다.

신화 — 밀교적 어둠의 세계

「비전힐스」는 경사지의 활용이라는 점도 그렇고, 원래 물이 담기는 것으로 계획되었던 중정도 그렇고, 여러 가지 점에서 「은평구립도서관」을 예고하고 있다. 그런 만큼 「비전힐스」는 곽재환 건축에서 하나의 기점이다. 그는 여기에서 그동안 자신의 내부에서 직관적으로 파악되던 개념들을 건축적으로 풀어놓기 시작한다. 하늘이 건축물 속으로 들어오고 (중정), 관념화된 이상을 상징하듯 자신의 철학적 지향점을 형상화하며(두 개의 셸터), 건축을 자연적인 것으로(단층 작용을 표현하는 가로 벽) 만들고 있다.

그렇게 해서 이루어진 곽재환의 건축은 종전의 관념적 지평을 질적으로 전환시키며 자신만의 독특한 세계를 일구어 낸다. 나는 그것을 '밀교적 어둠의 세계'라고 불러본다.[36] 곽재환 건축의 관념론, 그리고 그의 직관적 방법론, 그가 내리고 있는 어둠에 대한 독특한 해석들은 우주의 철학적 현상을 종교적 실체로 불격화한 밀교의 방법들과 대체로 일치하기 때문이다. 현교는 석가모니를 교주로 하는 응화불의 가르침이고 밀교는 비로자나불을 교주로 하는 법신불의 가르침인데 사실 비로자나불은 석가모니와 같은 구체적인 대상이 아니라 관념적인 화신(化身)이다. 즉 철학적 현상이 하나의 구체적 대상으로 자리잡은 것이다. 곽재환의 철학적 주제와 건축적 주제가 매개 없이 바로 일치할 수 있는 것도 이런 파격 때문이다. 이런 파격이 드디어 하나의 구체적인 대상〔건축〕으로 자리 잡고 있는 것이 「은평구립도서관」이다.

---

36) 부처님의 가르침을 크게 나누어 현교(顯敎)와 밀교(密敎)로 분류한다. 현교란 중생의 근기를 따라 될 수 있는 대로 자세하고 분명하게 가르치기 위하여, 여러 가지 방편으로 이치를 드러내 보이는 것이다. 그리고 밀교란 부처님의 깨친 바, 말할 수 없이 그윽하고 아득한 이치 그대로 가르치는 것을 말한다. 그러나 이런 도식적인 구분은 편의상 그런 것이고 현교도 사상(事相)으로써 이치를 밝히기 때문에 말속에 은밀한 뜻이 들어 있음은 물론이다.

곽재환, 「비전힐스 — 클럽 하우스」, 남양주, 2000.

곽재환의 「은평구립도서관」은 한마디로 대지와 천체에 대한 묵시록적 찬가라고 할 수 있다. 아울러 도서관이라는, 인류가 쌓아온 지식의 축척 수단으로서의 기능을 시적으로 정의했다는 점에서 건축사적인 의미를 담보해내고 있다. 그것은 보르헤스의 소설 「알렙」을 떠올리게 한다.

"그러니까, 어느 각도에서 봐도 보이는 지구상의 모든 지점들이 뒤죽박죽되지 않고 들어 있는 장소라네…… 순니 박사는 내 알렙이 '양도 불가능'하다는 사실을 증명해줄 걸세."

피테르 브뢰헬, 「바벨탑」, 1563.

모든 것들이 빼곡히 들어차 있는데도 그 모든 것들이 서로 겹치지 않고 명징하게 보이는 장소, 그곳은 바로 신의 도서관이 아닐까?

그래서 「은평구립도서관」은 건축적으로 읽히기를 거부하고 신화적으로 읽히기를 요구하는 듯 보인다. 아니, 건축을 하나의 신화로 만들어내고 있다. 진입부의 노출 콘크리트 벽과 그것을 양쪽에서 오르는 계단, 그리고 그 계단을 밟고 도달하는 다섯 개의 열주의 정원은 근대인이 잃어버린 신화와

「은평구립도서관」 뒷산과 연결된 계단

「은평구립도서관」 정정 공간의 열주

전설에 대한 향수를 다시 불러일으키고 있으며, 산세를 쫓아 층층이 뒤로 물러나 앉은 매스들은 자연에 대한 곽재환 식의 경외를 구현하고 있다. 더군다나 그렇게 물러나 앉은 매스의 지붕들은 그대로 원래 대지를 소생시키고 있다는 점에서 더욱 그렇다. 건물이 서기 전에 이 산등성을 오르내렸던 바람, 나무와 풀들의 식생, 그리고 사람들이 그러하듯이 우리는 이 건물이 들어선 다음에도 그 옥상 정원을 타고 여전히 바람과 석양의 빛을 느끼며 곽재환이 펼쳐놓은 제2의 자연을 만끽할 수 있다.

그러나 무엇보다도 이 건물의 가장 드라마틱한 장면은

'반영정'에 있다. 그것은 저 먼 천체에 대한 향수를 그대로 지하에 끌어들인다. 우리는 거기에서 지옥에 떨어진 에우리디케를 찾아 기꺼이 카론의 강을 건너 하데스를 여행하는 오르페우스의 신화를 읽을 수 있다. '반영정'을 둘러싸고 있는 표정 없는 벽들은 그 자체로 하나의 서사이며 거대한 악기와 같이 느껴진다. 지옥에서 울리는 오르페우스의 노래가 저녁 석양에 물들 때 하나 둘씩 저 산등성이를 넘어 도서관의 옥상 정원을 걷고 있는 사람들은 나무와 사람의 구분 없이 그저 하나의 풍경이다. 곽재환의 빛은 빛을 향해 나아가는 것이 아니라 어둠 속에서 빛을 불러들인다. 그래서 「은평구립도서관」의 빛은 어둠이다. 곽재환은 그 어둠이 인류가 지금까지 쌓아온 저 지식의 심연을 이야기하고 있다고 생각하는 것이 분명하다. 그렇다. 만약 천국이 있다면 그것은 아마 도서관의 모습일 것이라고 이야기했던 사람이 누구였던가?

나는 곽재환의 작품들을 쭉 일별하면서 그가 탐구하는 주제가 처음부터 끝까지 같다는 데에 적잖이 놀랐다. 그의 이 독함이 도저히 표현할 수 없는 관념의 세계를 건축적으로 구현했을 것이라고 나는 믿고 있다. 그의 말처럼 그는 두 세계를 겹치지 않고 바라볼 수 있게 된 것일까?

밀교적 어둠의 세계

누(樓)는 창문을 열고 자연을 바라보며 자신을 생각하는 자를 위해 마련된 장소이며,
　정(亭)은 닫힌 창문에 투사된 자신을 바라보며 우주를 생각하는 자를 위해 마련된 장소이다.

삶과 죽음의 기호
— 이일훈론

유성과 같이……

 산 자들의 집에는 창이 있다. 그러나 죽은 자들의 집에는 죽은 자들의 집을 기억하는 재기억의 장치로서의 통과할 수 없는 문〔碑〕이 있다. 거기에는 죽은 자들의 행위 대신에 산 자들의 기억을 위한 살아 있는 자들의 행위가 존재할 뿐이다. 비건축적이라고 생각되어왔던 죽음의 기억을 위한 산 자들의 기호는 다시금 건축적 구법을 통한 접근에 의해 기호의 기의를 떠나 기호 이전의 행위 자체, 즉 다시 삶의 방식으로 되돌아온다. 죽음은 건축적 표현으로 인해 삶의 방식으로 살아나고 삶은 죽음의 기호를 통해 다시 재생된다.
 이일훈의 건축적 주제는 삶과 죽음의 탐구에 있다. 이일훈의 작업은 그것이 수도원이든, 상업용 빌딩이든, 아니면 자그마한 공부방이든 간에 모두 한결같이 적요한 풍경을 구성한다. 그의 「자비의 침묵 수도원」 경당 앞에 도열해 있는 콘

이일훈, 「자비의 침묵 수도원」, 수원, 1993.

크리트 열주들과 야외 예배 장소에 깊이 투각되어 있는 고난의 십자가는, 보통의 십자가가 그림자를 던져주고 있는 데 반해 빛을 던져주고 있다. 안도 다다오〔安藤忠雄〕의 빛의 십자가가 강렬한 입면을 형성한다면 이일훈의 십자가는 오브제와 그림자 사이의 긴장을 자아낸다. 그 사이에 인간의 자리가 놓여 있는 것이다. 예의 도열해 있는 열네 개의 열주들이 마치 '박해받고 싶어하는 순교자'[37]처럼 서 있듯이, 이일훈의 건축은 그렇게 스스로를 자학한다. 그러한 이일훈의 마조히즘은 피폐해진 도시적 삶에 대한 건축 방법으로서 또 작가적 자존으로서 작용한다.

---

37) 황지우, 「겨울—나무로부터 봄—나무에로」에서.

「허마리아 묘비」의 경우, 작은 정육면체의 비스듬한 형태가 수평과 수직의 연결을 위태롭게 만들듯이 그렇게 놓여진 지극히 단순하고 명쾌한 이일훈의 어휘들은 작가의 극단적인 조형 의지를 드러낸다. 실제로 「허마리아 묘비」의 이 작은 입방체는 작가의 「스토리 빌딩」이나 「운율재」(사실 「운율재」에서는 그것이 좀더 약화되어 있지만), 「자비의 침묵 수도원」 등에서 보여준 건축적 단서를 함축적으로 설명해주고 있다.

「자비의 침묵 수도원」에서 보여준 작가의 복잡한 어휘들이 하나의 의미와 의미 사이에서 그 의미망의 미세한 그물눈을 따라 펼쳐져 있는 소설의 형식을 취하고 있다면 이 입방체는 거의 직관에 가까운, 사물의 본질을 직시하며 그 사물의 의미망을 그대로 관통하여 전달하고자 하는, 시의 구조에 가깝다. 이일훈은 모더니스트들이 입방체에 품고 있었던 솔직함에 대한 열광을 한층 더 밀고 나아가 자신의 중요한 어휘로 채택하고 있다. 오늘날과 같이 포스트모더니즘이 유령처럼 횡행하고 지나간, 모든 시대의 권위와 의미를 부정함으로써 현재의 정체성을 위상 정립하기 바쁜 시대에 모더니스트의 결벽증을 지킨다는 것은 일종의 위험스러운 자존이다. 그러나 또 다른 한편 그것은 냉철한 자기 성찰 없이는 이루어질 수 없는 위태로운 기대기이다. 그것이 이일훈의 작품을 불안하게 만든다.

이일훈은 도상의 작가다. 새로운 것에 대한 그의 탐구는

「자비의 침묵 수도원」 계단

거의 병적이다. 그는 지루한 것을 참아내는 데는 그다지 신통한 재주를 지니지 못한 것 같다. 그가 구사하고 있는 단순한 형태들을 면면이 들춰보면 그 숨겨진, 표현되지 않는 장식들을 쉽게 읽어낼 수 있다. 계단에 대한 그의 탐구가 단적으로 그것을 말해주는데 새로움과 발 빠름의 불협화음은 이일훈 건축의 약이자 독이요 죽음이자 삶이다. 왜 생은 항상 지루하게도 겹의 구조를 갖고 역설로 우리를 당황하게 만드는가?

「허마리아 묘비」의 입방체는 모호하게 들려져 있다. 이를테면 들려진 것인지 꽂혀진 것인지 순간적인 감각에만 의존한다면 충분히 짐작될 수 있겠지만 불필요하게 진지해지면 그 가늠은 점점 더 모호해진다. 즉 겹의 구조를 지니고 있다. 그것은 세속으로부터 들림을 받은 한 영혼의 상징이거나 아니면 생이란 마치 끝없을 것처럼 대우주의 한 자리에서 빛나다 그 힘을 잃고 떨어져 내리는 유성우와 같이, 내던져진 존재다, 라고 말하는 것처럼 보이듯이 박혀(들려) 있다. 그것은 선택된 영혼의 들림(聖)과 내던져진 존재의 실존(俗)을 의미한다. 모든 종교는 성과 속의 통합을 지향한다. 그래서 예수는 인간(俗)의 몸을 빌려(그 이전의 원래 성(聖)) 십자가에 못 박히고 원효는 승복(聖)을 벗어던지고 저잣거리(俗)로 나선 것이다. 이제 다시금 죽음은 삶의 방식으로 살아진다. 예수가 되살아나고 원효가 해골의 물을 마시고 벌떡 일어나 대오 각성의 춤을 춘다. 성은 속화되고 속은 성화되어 성과 속의 경계가 무너지고 죽음과 삶의 경계가 사라진다. 우연한 존재로서 던져진 입방체는 하나의 확고한 실존으로 들려져(꽂혀) 있다.

「도미니크」란 노래를 불러 일약 스타덤에 오른 세르쉬르 수녀의 파계와 그 후 속인으로 돌아와 친구와 함께 쓸쓸히 동반 자살한 속명 이아니네데커스의 죽음에 대해 생각한다. 많은 사람들이 종교는 현실을 위해 존재한다고 말하지만 때때로 어떤 사람들에게는 종교 자체가 현실일 경우가 있다.

사이, 사이에서

헨드릭 안톤 로렌츠가 처음 혼돈을 발견했을 때 그는 상태공간(state space, 물리적 상태를 이해하기 쉽게 하기 위하여 각각의 독립적인 변수들이 독립적인 차원들로 다루어지는 상상의 공간)에서 선형적인 질서 외의 비선형적 동역학계를 발견했다. 이른바 혼돈 과학이라는 것인데 이는 모든 사실과 현상은 과학적 검증을 통해 규명될 수 있다는, 뉴턴으로 대표되는 기계론적 사고관에 대한 일대 혁명이었다. 즉 모든 사물을 구성하는 기본적인 단위와 그 단위의 초기치를 알면 그 입자의 움직임을 예측할 수 있다는 기계론적 요소론은 '별난 끝개 strange attractor'의 비선형적 운동에 의해 그 기존의 패러다임을 근저에서부터 의심하게 되었다. 마찬가지로 상대론적 우주론의 가장 놀라운 발견은 우주의 크기의 유한성과 계속적인 팽창성을 들고 있다는 점이다. 대략 현재 우주의 크기는 130억 광년쯤 된다고 한다. 아인슈타인의 우주론 이전의 우주는 무한 3차원이거나 아니면 유한 유경계 3차원이었다. 그러나 실제 우주는 유한 무경계 3차원 우주일 가능성이 많다는 게 일반적인 통설이다. 어쩌면 우리를 둘러싸고 있는 공간 상의 제약은 우리의 일반적인 우주론이 그러하듯이 하나의 고정관념일지도 모른다. 공간은 우리가 생각하듯이 스케일 상의 축적을 확대한 것으로서는 도저히 상상하지 못할, 전혀 기대하지 않은 어떤 것인지도 모른다.

이일훈의 건축적 공간은 「자비의 침묵 수도원」 계획안 이후 그러한 비선형적 공간으로의 진일보를 보여준다. 그러나 그것은 아직까지 선형적 질서 내에서 기계적 요소론의 끈을

잡고 나아가는 행보인 만큼 지극히 논리적이며 다시, 불안하고 또한 비선형계에서 보면 지극히 비논리적인 오류이다. 그런 의미에서 이일훈의 작업은 비선형계에 대한 기초적인 연구도 없이 해체를 들먹이는 감상적 해체주의자들에 대한 일침이다. 그렇다고 이일훈의 작업이 혼돈 과학적 측면에서 비선형계의

「자비의 침묵 수도원」

확실한(비선형계 내에서 확실한 것이란 아무것도 없다. 오직 확실한 것은 아무것도 없다는 진술뿐이다) 성찰을 바탕으로 이루어졌다는 의미는 아니다. 앞서 이야기했듯이 이일훈은 어쩌면 보다 더 기계적인 요소론의 신봉자일지도 모른다. 어쩌면 그가 그렇게 목메어 부르짖는 '대중 감성'이란, 신조로서, 선전 선동으로서 대중에게로 다가가기 위한 대중적 접근이 아니라 대중의 감성을 훈련시키고자 하는 대중적 교시(혹은 꼬드김)에 다름 아닐지도 모른다. 이일훈의 면면의 작업들은 어쩌면 대중을 위한 것도, 건축주를 위한 것도 아

삶과 죽음의 기호 173

닌 작가의 조형 의지의 진국을 펼쳐 보이기 위한 과격한 실험일지도 모른다. 그리고 그것이 건축이라면 필히 또 그래야만 한다. 왜냐하면 그 실험성 속에는 한 작가의 우주론이, 모든 삶에 대한 경외와 고뇌가 자리잡고 있을 터이기 때문이다.

이일훈의 「자비의 침묵 수도원」은 단적으로 형태와 기능의 관계를 단절시킨 개체 지향적 다원주의를 역설하고 있다. 그의 이러한 불교적 화쟁론은 삶과 죽음의 방법적 문제로서의 건축으로 치밀해진다. 그가 지속적으로 탐구해온 도시라는 컨텍스트에 대응하는, 혹은 조응하는 건축적 논리로서의 채나눔은 사실, 그의 이러한 불교적 배경과 그 맥을 같이한다. 어쩌면 이일훈의 형태가 주는 한없이 무거운 침묵은 아마도 그의 탐구점이 지향하는 무거움에서 연유할 것이다. 그의 형태는 사고한다. 껍질이 사고하는 것이다. 사상이 거주하는 곳으로서의 형태, 이일훈은 그것을 거의 선적으로 노래한 적이 있다.

> 소나무 사이 바람이 스쳐 지나간다.
> 바람은 소리를 내지 않는다.
> 나무와 나무 사이, 사이에 소리가 배어 있을 뿐이다.
> ―「자비의 침묵 수도원」 초기 스케치에서

우리가 흔히 공간이라고 말할 때 아무것도 존재하지 않는 공간은 공간이 아니다. 공간은 어떤 오브제를 통해서 절대적인 무(無)를 상대적으로 드러낸다. 그래서 건축은 '/'에 존재한다. 바람/소리가 거주하는 곳. 형식과 내용이, 형태와 기능이 거주하는 곳. 그곳이 바로 공간이다.

 이를테면, 「자비의 침묵 수도원」의 열네 개의 열주들의 이미지는 사제관 복도의 벽이나 외부에 펼쳐진 허벽에 그대로 연결되고, 삼각형의 묵상실에서 다시 한 번 그 긴장을 환기시키다가 수도원의 연못 위에서 그대로 부유하고 있는 계단에 이르러 절정을 이루고는, 숲과 물을 바라보는 장소에서 침잠한다. 이 부유하는 계단이, 이 수도원 전체에 고딕이 그렇게 집요하게 추구했던 공간의 상승감을 주는 이유는 계단이라는 구체가 하나의 은유로 작용하기 때문이다. 그것은 경복궁 돌계단의 난간에 새겨진 구름무늬가 주는 상승감보다 훨씬 구체적인 의미를 띠고 있다. 내/외부 공간의 의도적인 의외성에서 유발되는 긴장과 그것이 표상하는 어떤 구체의 사이에 서 있다는 느낌, 혹은 사이의 구축. 그 안과 밖 사이에 가제리의 포도밭과 솔숲을 지나는 바람이 존재한다.

 비록 이 수도원이 르 코르뷔지에의 「라투레트」 수도원의 자장 안에 놓여 있지만 이일훈이 자각하고 있는 사이, 그 시점과 지점의 리얼리티는 「기찻길 옆 공부방」이나 「등촌불이」 등에서도 일관되게 보이는 그의 주제이다. 어쩌면 「기찻길 옆 공부방」은 1990년대적 상황에서 건져낸 이일훈 건축의 한 지점일 수 있다. 칠해지는 색에 대한 그의 신경질적인 거부와 재료의 발색에 대한 거의 무조건적인 찬양 역시 무엇인가를 존재하게 하는 '사이'에 대한 집착과 무관하지 않다. 그런 의미에서 이일훈을 장식의 문제에만 국한시켜놓고 볼 때 여지없는 모더니스트임이 드러난다. 단지 모더니스트들이 역사와 세계에 대한 의식 과잉에 의해 역설적으로 한없는 파괴를 낳았다면, 이일훈의 그것은 당대의 시점과 지점에 대한 천착을 보인다.

건축은 한 철학자의 사변적 이상으로 변화되는 단순한 수동적 장르가 아니다. 같은 의미로 하디드 Zaha Hadid나 힘멜블라우 Coop Himmelblau, 그리고 아이젠만의 작업에 이르기까지 오늘날의 건축은 데리다나 들뢰즈, 라캉의 사색에 의해서 해체되는 추종은 물론 아니다. 나는 건축은 어디까지나 자연과학적인 사색이라고 말하고 싶다. 건축은 보다 더(?) 자연과학적이고 물리학적이며 생물학적인 토대를 갖고 있다. 인간의 사고 인식의 변화에 따라 공간도 변화한다. 아니, 공간은 그대로인데 공간을 바라보는 인간의 인식 구조가 바뀔 뿐이다. 그리고 그것은 곧 공간의 변화를 말하고 있다. 그러한 공간의 물리학적 탐구를 거친 연후에 바라보는 건축적 공간에 대한 회의와 의심의 작업이야말로 해체를 정당하게 한다. 그것은 이제까지 우리가 아무 의심도 없이 당연하다고 여겨왔던 선형적 공간에 대한 강력한 부정이며 동시에 건축가 스스로 새롭게 자리시켜놓고 있는 비선형적 공간에 대한 뼈아픈 긍정을 바탕으로 한다. 엄밀히 말하자면 해체는 구축의 극단적인 방법론이다. 구축이 정상 상태의 공간에 대한 강력한 긍정이라면 해체 역시 비정상 상태의 공간에 대한 마찬가지의 긍정이다. 공간을 바라보는 시각의 편차 없이 행해지는 해체는 설사 그것이 구축의 형식을 빌려 쓰더라도 단순한 치기에 불과한 소꿉놀이일 뿐이다.

다시 비석으로……

이 들려 있는(다시, 꽂혀 있는) 입방체는 다시 이일훈의 작업에 대한 건축(건축가가 아니다)의 일관된 주제에 대한 존재론적 공간의 기본적 단위이며 작가 스스로가 끝없이 덮어쓰는 하나의 혐의이다. 또한 그것은 선험적 a priori 직관에 의한 칸트의 공간 개념을 적극적으로 방어하고 있는 경험적 공간의 제시이다. 즉 입방체로 이루어진 이일훈의 비석은 입방체로 이루어진 공간의 내부와 외부의 개념을 바꿔치기하는 공간의 전이를 드러낸다. 흔히 건축적 공간의 경험은 행위에 의해서 이루어진 장소의 내부에서 경험된다고 생각하는 것이 보통이나 그것이 이번의 비석처럼 지극히 축약되어

「허마리아 묘비」

나타났을 때에 공간은 보다 더 선험적으로 이해되는 것이 당연하다.

사실 이일훈의 비석은 조각처럼 보인다. 그러나 그것은 많은 전시품들이 '손대지 마시오' 하는 것처럼 우리들을 방어하지 않고 '한번 만져보시오'라고 말하는 것처럼 촉각적인 (직접 만짐으로 해서 느껴지는 것이 아니라 만짐을 충동하는 만짐 이전의 느낌으로서의 촉각) 하나의 경험적 사실로 우리를 죽음의 깊은 관념으로부터 일깨워 죽음의 일상성으로, 살아 있는 공간으로, 입방체가 궁글려가며 운동한다. 그 운동성 속에서 우리는 경험적 사실로서의 라이프니츠적 공간을, 응고된 죽음의 관념을 본다(건축은 응고된 음악이다?).

"사람은 죽인 생명체를, 익힘을 통해 다시 죽임으로써 먹는다. 죽음은 기억을 저장하고 저장함으로써 살림을 만든다"(김진석).

삶은 죽음을 향해 치닫고 죽음은 삶의 방식으로 살아지는 죽음이다. 그러니까 삶과 죽음은 온통 흑과 백으로 뒤덮인 전지면 위에서 주체와 객체가 서로 뒤바뀌고 얽히고설킨, 그래서 급기야 서로의 얼굴을 자기의 얼굴로 인식하는 하나이면서 둘이며, 단수이면서 복수인 다의적인 구조를 지닌다.

입방체는 땅을 표현한다. 지상은 모든 산 자들의 위대한 집이다. 땅은 생명을 틔우고 또한 생명을 거두어들이는 장소이다. 지상에서의 공간은 지극히 추상적이지만 지하에서의 공간은 지극히 반추상적으로 구체화되는 실재이다. 노자의 공간은 행위되지 않는 부분으로 이루어지지만 지하에서는 노자의 개념과는 반대로 행위되는 바로 그것으로 이루어진다. 바로 여기서 '공간-공간'이 '탈공간-공간'으로 일대 전환이 이루어진다. 앞의 '공간'이란 근대적인 공간과 탈근대

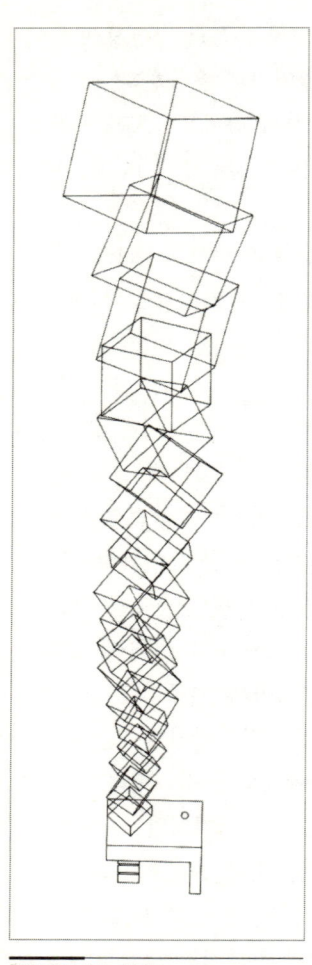

「허마리아 묘비」 개념도

적인, 이른바 포스트모던 건축의 공간까지의 모든 공간을 포함해서 통칭 공간으로 생각되는 모든 공간을 이름하는 것이고 '공간-공간'에서 뒤의 공간은 하나의 절대공간의 존재를, 실재를 가정하고 말하는 공간이다. 그렇다면 '탈공간'은 이제까지의 모든 공간의 고정관념들을 깨뜨리고 모든 기하학적 구조와 사고를, 뉴턴 물리학적 법칙들을 근저에서부터 흔들고 나오는, 전혀 새롭지만 '공간-공간'과 '탈공간-공간'으로 이야기되는 공통된 뒷자리의 공간을 이야기한다. 즉, '-공간'과 '탈공간'과, '탈공간'과 함께 묶여진 '-공간'은 등식으로 성립한다. 향후 이 '탈공간'을 이끌어갈 '탈공간의 세대들'은 이

전과는 다른 정치·문화·경제의 새로운 세계 질서 속에서, 이전의 질서가 죽은 무덤 위에 꽃피울 전망과 두려움의 세대가 될 것이다.

    플라톤은 '철학이란 죽음에 대한 준비이다'라고 갈파했다. 그렇다면 이일훈의 이 보잘것없는 입방체는 한 세대의 몰락을 위한 철학을, 그 철학을 위한 초라한 비석이 될 것이다. 나는 공간 속에서 꿈꾼다.

우울한 비익의 꿈
―― 작품을 통한 작가의 무의식 들여다보기

 모든 예술은 비익(飛翼)을 꿈꾼다. 모든 예술적 의지는 날고자 하는 욕망을 드러내고 모든 날고자 하는 욕망은 언제나 좌절과 함께 예술의 꺾인 의지 속에서 내면화된다. 그것은 단순히 비행이라는 물리적인 바람뿐만이 아닌 이상적인 것, 이데아적인 것에 대한 끊임없는 추구다. 인류가 꿈꿔온 날개라는 것에 대한 오랜 희망과 자유의 상징은 다름 아닌 연금술의 철학과 실험의 상징 체계이다. 중세의 연금술사들은 흔한 쇠붙이를 금으로 변화시켜보려고 노력했다. 그리고 그것은 곧 모든 예술의 초월적 의지와도 상통하는 표현의 공통된 체계이다. 융의 다음과 같은 언급은 그런 연금술과 예술의 초월적 의지를 상징적으로 보여준다.

 어떤 꿈에서 몇 사람이 네모진 광장을 왼편으로 걷고 있다. 꿈을 꾸는 당사자는 한쪽 모퉁이에 서 있다. 긴팔원숭이를 다시 조립해야 한다고 걷고 있는 사람이 말한다. 네모진 광장은 더 완전한 금속을 재합성하기 위한 전단계로서, 원재료 속의 무질서한 금속 덩어리를 네 원소로 분해하는 연금술사의 작업을 상징한다. 광장을 걷는 것은 재합성에서 만들어지는 금속을 나타내며 긴팔원숭이는 낮은 금속을 금으로 변화시키는 물질을 나타낸다.

마찬가지로 모든 비상의 꿈은 그러한 연금술적인, 보다 높은 차원으로의 재합성을 의미하고 있다. 날개는 초월적인 힘과 그것을 가능케 하는 추진력을 상징한다. 레오나르도 다 빈치의 비행에 관한 수많은 스케치나 라이트 형제의 최초의 비행은 그 성격에서 다소 차이는 있지만 액막이연에 대한 우리의 민간 신앙의 의미와도 같은, 비행에 대한 인류의 희구를 상징한다. 초월과, 초월 의지의 상징인 날개는 저급한 금속에서 금으로 변화되는 연금술의 체계와 같다. 그러한 비상의 연금술적인 체계는 현대 미술에서의 운동감이라는 문제로 그 모습을 달리해서 나타나는데, 피카소와 브라크의 큐비즘 공간부터 키네틱 아트의 3차원적인 회화 공간까지, 그리고 말레비치의 절대주의의 무중력적인 공간으로까지 그 욕구를 예술적 표현 의지로 확장하고 있다. 마르크 샤갈의 환상적인 작품들은 비상의 운동감을 표현한다기보다는 그 공간적 이동을 표현한다. 피카소의 그림들은 오브제의 운동보다는 사실 오브제를 관찰하는 화가 자신의 운동성을 드러내준다. 그리고 무엇보다도 고딕의 공간들은 더 절실하고 애절하게 그러한 비상(초월)의 공간을 향해 치닫는다. 그것은 곧 신에 대한 경외이자 저 높은 곳을 향한 희구였다. 그리고 현대 건축에서 비상의 이미지를 가장 강력한 어휘로 표현한 건축가는 사리넨 Eero Saarinen과 르 코르뷔지에와 김중업이었다. 사리넨의 「제퍼슨 메모리얼 타워」는 비상의 가장 완벽한 정제미를 보여준다. 그렇다면 르 코르뷔지에는 비상에 대한 절제의 미학을 가장 조소적으로 보여준 작가라 할 수 있을 것이다. 한국 전통 건축의 지붕에서 그 모티프를 빌려와 콘크리트의 조소성에 접목시켜 비상의 또 다른 체계를 표현한 김중업의 작업들은 「프랑스 대사관」에서 보여준 바와 같이 탁월하다 하지 않을 수 없다.

나는 이 글에서 동정근의 작품들을 힘겹게 읽어내며 인류의 오랜 꿈이었던 비상의 꿈이 한 건축가의 의식 속에서 어떤 방식으로 체계화되며 또 작가의 무의식 속에 자리한 상징의 체계들은 어떤 것인지 알아보려 한다.

페르소나와 아니마, 아니무스

'페르소나 persona' '아니마 anima' '아니무스 animus' '그림자' '자아'라는 개념들은 융이 말한 집단 무의식의 태고 유형을 이루는 중요한 개념들이다. 원래 페르소나는 연극에서 일정한 역을 담당하는 배우의 역할을 가리키는 말이다. 즉 어떤 사회적 구조 내에서의 개인의 역할을 나타내는 말인데 융에 따르면 이것은 대세에 순응하는 태고 유형이라고 부를 수 있는 생존의 필수적인 가면이고, 일종의 정신의 '겉'이다. 그것은 세계를 향해 있는 얼굴이며 세계와 조화로운 화해를 꿈꾸는 사회 구성원의 조직적인 얼굴이다.

반대로 아니마는 그 정신의 '내면'을 나타낸다. 즉 여성성 속의 남성성, 부드럽고 우아한 여성의 내면에 꿈틀거리고 있는 폭력적이고 파괴적인 충동인 아니무스와 대비되는, 남성 속의 여성성, 강하고 완고한 남성의 내면에서 늘 억압적으로 자라고 있는 부드럽고 섬세한 태고 유형을 아니마라고 한다. 그것은 페르소나와는 달리 세계를 향해 뒤돌아선 가려진 얼굴이며 늘 이율배반적인 충동의 원인이다. 그래서 세계를 향해 각기 열려 있고 닫힌 이 두 얼굴, 페르소나와 아니마(아니무스)는 늘 대립하며 한 개인의 성격을 결정짓는다.

건축가 동정근의 페르소나는 모범생이었던 어린 시절로 돌아간다. 토목업에 종사했던 아버지를 따라 서울에서 익산으로, 익산에서 다시 서울로 전전했던 그의 어린 시절에, 착하고 말 잘 듣는 순종적인 아이의 얼굴이 그의 페르소나이다. 그는 조용하고 '착한' 소년이었고 부모의 충고를 존중할 줄 아는 아이였다. 그러나 그의 그런 열린 얼굴 뒤에는 그림에 대한 닫힌 열정이 자리잡고 있었다. 어쩌면 작가의 반발은 아마도 다소 권위주의적이지 않았나 싶은 그의 아버지의 남성적인 억압에 대한 하나의 반항이었을 수도 있고 아니면 지나치게 연약한 그의 어머니의 여성성에 대한 의식적인 외면이었을 수도 있을 것이다. 나에게 준 그의 첫인상, 즉 외면적인 부드러움이나 나이에 어울리지 않는 수줍음은 남성 속의 아니마가 오랜 세월 동안 밖으로 표출되어 나온 결과가 아닌가 짐작된다. 그리고 그것은 바꿔 말해서 모범생인 소년을 부추기는 사회 문화적 규정에서 작가의 닫힌 얼굴의 승리를, 행복한 화해를 말해주고 있는 것이다. 다시 융의 어투를 빌리면 "페르소나와 아니마 또는 아니무스와의 불균형의 한 결과로서 아니마 또는 아니무스의 반란이 터지면 개인은 과도하게 반응한다. 젊은 남자가 아니마를 강화하여 남자답기보다는 여자다워질지 모른다. 여장을 하고 싶어하는 남성, 나약한 동성애자들 중에는 이 범주에 들어가는 사람이 있다. 남성이 아니마와 완전히 동일화하면 호르몬 요법과 성기의 외과 수술을 받아 육체적으로 여성이 될지도 모른다. 젊은 여성이 아니무스와 완전히 동일화하면 여자다운 특징이 바뀌어 남자다워질지도 모른다"고 했던 것처럼 동정근이라는 건축가의 아니마에 대한 욕구와, "하루에 여덟 시간 동안 회사원의 탈을 쓰고 있는 회사원은 직장에서 나온 순간 그것을 벗어버리고 더 만족할 만한 활동에 종사할 수가 있다. 이 점과 관련해서 보면 저명한 작가 프란츠 카프카와 같이 낮에는 상해 보험국에서 일하고 밤에는 저작과 문화적인 활동에 임했던 경우도 있다. 카프카는 직장 일이 질색이라고 거듭 하소연하고 있었지만 그의 상관은 그가 일을 착실히 하고 있음을 보았을 뿐 그가 그런 심경인 줄을 까맣게 몰랐다고 한다. 그와 마찬가지로 많은 사람들은 페르소나에 지배되는 생활과 심리적인 욕구들을 채우는 이중생활을 하고 있다"는 것과 같이 동정근이라는 건축가의 페르소나는 점차 자신의 내적 욕구를 통합했던 것으로 보인다. 즉 융의 말처럼 페르소나가 위에 서서 아니마와 아니무스를 질식시켜버린 것이 아니라 페르소나와 아니마, 혹은 아니무스의 화해가 이루어진 것이다. 그러나 그렇다고 해서 작가 동정근이 전혀 콤플렉스가 없는 무의미한 인간이라는 말은 아니다. 그는 기본적으로 그러한 화해를 자신의 콤플렉스로 가진다. 모범생으로서의 페르소나를 강하게 부정하지도 못한 자신의 '고개 돌린 얼굴'에 대해서 어쩌면 환멸스러웠을지도 모른다. 바로 그런 반항에 대한 은밀한 욕구가 사회적 일탈의 모습이 아닌 자신의 예술 속에 내면화된 경우가 작가가 그토록 집요하게 집착하는 비상에 대한 천착이다.

그러나 그의 비상은 단적으로 말해서 플라톤적인 이데아를 지향하는 형이상학적인 것은 분명 아니다. 그것은 다분히 새의 날갯짓에서 보이는 역동성에 근거를 둔다. 따라서 그의 건축적 비상의 주제는 불행하게도 건축적이라기보다는 형태적이다. 작가는 다시 한 번 아니마에 반발하여 아니무스적인 방법으로 자신의 페르소나를 해결한다.

폐쇄성과 개방성 — 그 크로스 오버

「부암동 근린 상가」는 그의 몇몇 작품 중에서도 특이하게 작가의 어린 시절을 투사하고 있다. 바깥 세계에 대한 자신의 페르소나를 잠시나마 죽여버리고 세계와 얼굴을 돌린 자신의 얼굴과 만나는 장소로서의 집이라는 공간에서 작가는 아주 뚜렷하게 자신의 집을 기억하고 있다. 그러나 '크로스 오버 cross over'라는 별칭으로 불리는 이「부암동 근린 상가」는 작가를 크게 고무했다는 대지의 이중축이나 두 세대 각각의 독립적인 거주에 대한 렌트 면적의 적당한 이등분, 이중적 요소에 의한 상호 관입, 태극무늬와 같은 디자인 요소 등, 그런 작가의 말과는 별반 관계가 없어 보인다. 그리고 사실 그런 말들은 작가라면 누구나 자신의 작품을 포장하고자 하는 말의 풍성한 잔치에 다름 아닐 것이다. 아울러 작가의 그런 수식어에 많은 사람들이 속고 있다는 사실 또한 별반 대수로운 일도 아니다. 실제로 '크로스 오버'에는 공간의 상호 관입이나 상호 침식의 평면적인 흉내만 있을 뿐이지 공간 자체의 3차원적인 이해는 존재하지 않을뿐더러 더군다나 음과 양의 대립적 이항 관계를 소통적 일원론적으로 파악하려고 하는 태극의 동인은 없다. 단지 있다면 태극 '무늬'의 어색한 건축적 표현만이 있을 뿐이다. 대지의 두 축에서 갈라져오는 두 개의 매스는 그 교차점에서 서로 다른 물리적인 재료의 이질성만 덩그마니 보여줄 뿐 그 공간의 관입이란 기껏해야 계단실과 화장실이 자리하고 있을 뿐이다. 우리가 이제 새삼스럽게 같은 구법 위에다 덧붙인 돌과 벽돌의 장식이 주는 이질감에 탄복해야 할 이유가 대체 무엇일까?

그러나 이 '크로스 오버'에는 분명 작가 개인의 내면 지향성(폐쇄성, 아니마 혹은 아니무스)과 소극적 의향성(개방성, 페르소나)이 크로스 오버되고 있다는 점에서 작가의 무의식의 한 단면을 담담하게 보여주고 있다. 아래의 그림은 작가와 만나 작가의 무의식의 한 탐구 방법으로서 작가의 어린 시절의 집을 그리게 한 경우이다.

사전의 전화 연락을 통해 내 전화번호를 적은 메모지 위에다 아무런 작위 없이 그려나간

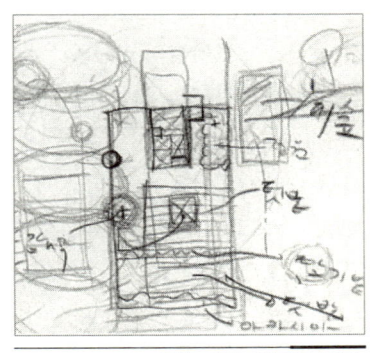

동정근, 어린 시절 집의 스케치.

작가의 스케치는 동정근이라는 건축가의 내면을 아주 자연스럽게 보여주고 있다.

작가는 익산에 있는 일본식 2호 연립 주택에서 어린 시절을 보냈는데 스케치에서 보는 것과 같이 그 집 옆에는 작은 정원이 꾸며져 있고 정원 뒤에는 대숲이 있어 어린 날 들었던, 그 대숲이 바람에 이는 소리를 아주 감동적인 기억으로 가지고 있었다. 또 넓은 텃밭과 텃밭 사이에는 딸기밭이 있었고 작가는 감나무에 자주 오르곤 했다는데 어쩌면 그는 감나무에서 자신을 모범생이게 하는 사회적 시각의 페르소나에서 자신의 진정한 내면으로 도망치고 싶어했을 것이다. 결국 건축가 동정근의 비상이라는 것도 이데아를 향한 예술가적 의지라기보다는 사회적 억압과 마음에 들지 않는 세상으로부터의 탈피에 가까운 예술가적 감성의 발로이다. 조금 더 기억의 행보를 진전시키면 그 대숲의 바람 소리를 들으며, 감나무 위에서의 비상을 꿈꾸며 유년을 지나온 작가는 익산에서도 비교적 높은 지대에 위치했던 그 감나무 가지의 순수한 위상에서 내려와 서울에서 중고등학교 시절을 보내게 된다. 프로이트에 의하면 남자는 자신의 아버지가 죽었을 때 비로소 하나의 독립된 사회적 개체로 설 수 있게 된다고 한다. 그런 의미에서 동정근의 서울 유학은 어쩌면 자신의 페르소나가 요구한 폐쇄성과 그것에 반항하려는 개방성의 격렬한 충돌의 공간이었을 것이다. 그러나 또 한편으로 친척집에서의 더부살이는 아마도 작가의 폐쇄성을 한층 강화시켰을 것이고 아울러 그 폐쇄성에서 벗어나려는 욕구 또한 그와 비례해서 커져갔을 것이다. 나는 부암동 '크로스 오버'는 감나무와 작은 정원이 있던 작가의 익산 집에 대한 무의식의 발로라고 말하고 싶다. 나는 작가와의 대화 중 감나무에 대한 그의 회고에서 「부암동 근린 상가」의 주도로에 빗겨 사선으로 쳐들어오는 매스에 의해 자연스럽게 생긴 작은 마당을 떠올렸다. 그와 같이 부암동의 '크로스 오버'는 작가의 내면 풍경의 이중성을 의미한다. 그 건물에는 건축적으로는 이야기할 수 없는 작가의 무수한 내면세계가 복잡하게 교차되어 있다. 따라서 그 건물의 공간은 작가의 말처럼 상호 관입적이지도 침식적이지도 않으며 대조적이지도 않게 폐쇄적이고, 웅크리고 있으며 그 작은 도로변의 잔디밭만이 그의 어린 시절 텃밭의 유일한 개방성을 상징한다. 그것도 거대한 도시적인 문맥 속에서 초라하고 볼품없으며, 별 특징 있는 아이는 아니었다는 작가의 어린 시절처럼 무미건조하게……

키네틱적 운동감 ─ 중곡동에서의 비상

그렇게 감나무에서 바라본 하늘을 향해 솟구치고 싶었던

아이는 공병 장교라는 조직 사회의 구성원으로 새로운 페르소나를 받아들이며 자신의 아니마와는 다른 아니무스를 발견한다(작가의 말을 그대로 빌리면 자신은 군대에서 망가졌다고 한다). 그렇게 발견된 남성적인 아니무스가 이제는 건축가로서의 예술적 편향으로, 곧 비상이라는 역동적인 주제로 이행하게 된다. 그것을 이제는 작가 스스로가 말하고 있다.

이 길에서 설정된 주제가 '비상'의 개념이다. 예술을 하거나 즐기는 궁극적인 목적은 그것을 통하여 시간과 공간, 그리고 인간적인 한계를 벗어나는 희열의 느낌에 있으며, 그때의 느낌이란 비상의, 천상의, 영원의 상태가 아닐까 한다.[38]

키네틱 아트의 역사는 1920년 모스크바에서 발표된 「리얼리스틱 선언」의 그 다섯번째 원리인 정적인 리듬을 조각, 회화 예술의 유일한 요소로 삼았던, 예술에 있어서의 천년 동안의 망상을 거부하는 것에서 시작되었다. 즉 키네틱 아트는 우리가 실제의 시간을, 동시적인 시점을 지각하는 예술의 기본 형식으로서 움직이는 리듬을 새로운 조각과 회화의 요소로서 받아들일 것을 요구한다. 뒤샹의 「계단을 내려오는 나부」는 우리가 바라보는 과거의(또는 미래의) 어느 한 시점에

---

38) 동정근, 「작가 소묘」, 『건축문화』, 1990년 3월호.

동정근, 「우원사옥」 개념 모형.

고정시켜 우리에게 대상을 보여주는 것이 아니라 그 과거와 현재와 미래를 하나의 회화적 공간에서 연속적으로 표현해서 보여준다. 그것은 반 데 벤 Cornelis Van de Ven이 말했던 것처럼 큐비즘은 주제가 되는 물체 주위에 관찰자를 유도하나 그 주제가 되는 물체는 동시적으로 침투되어 결과적으로 공간에서 관찰자의 운동이라는 개념을 표현하는 평면 위에 투영되는 반면, 미래파는 관찰자의 관념적 위치에는 관심이 없고 주제가 되는 물체 그 자체의 운동에 대한 문학적인 표현으로서, 스크린에 영화를 영사하는 기법과 유사하다.

동정근의 「중곡동 갤러리」 계획안은 정면에서 바라보이는 확장된 출입구 부분 위로 부정형적으로 배치된 세 개의 창과 원을 이루는 지붕의 선까지, 비상에 대한 작가의 집요한 탐구를 읽을 수 있다. 그리고 우리가 건축을 이루는 많은 요소들 가운데에 회화적 요소들이 분명히 존재한다고 할 때 가장 중요한 공간적인 면면들을 제외해놓고 생각한다는 오류에서 자유로울 수는 없겠지만 분명「중곡동 갤러리」는 작가의 비상이라는 주제와 그 주제를 키네틱적으로 연결시키려는 의식적인 작업의 소산임에는 분명하다. 작가는 '비상'과 '비상'이란 초월적 이미지 말고 그 역동적 이미지에 더 착안하여 '비상'의 운동감에 역점을 두고「중곡동 갤러리」의 입면을 풀어나가고 있다. 그 결과 회화의 평면적인 성격을 그대로 간직하는 비건축적 오류와 함께 키네틱적인 구도 위에「중곡동 갤러리」의 정면은 서 있다. 비상과 역동적인 운동감의 표현 ― 그로 인한 키네틱적인 사고까지의 회화적 구도는 매우 훌륭하다. 그러나 회화적인 요소를 포함하고 있는 건축적인 구도에서 보자면「중곡동 갤러리」의 공간은 지루하다. 한마디로 그곳에서는 작가가 주장하려고 하는 최소한의 공간적 탐색마저 제대로 읽을 수 없다. 그는 마치 비상이라는 파사드의 강렬한 주제가 그런 공간의 무의미에 대한 보상이라도 되는 듯이 입면적 해결에만 집착하고 있다. 그리고 그런 동정근이라는 작가의 약점은 그의 모든 작품에서 일관되게 나타난다. 그는 비상이라는 인류의 오랜 꿈을 건축적으로 풀어나가는 데 있어서 전혀 건축적이지 않다. 건축가로서는 치명적이다.

모든 예술 장르는 모두 자기 나름대로의 독특한 표현 방법들을 가지고 있다. 때로는 키네틱 아트처럼 회화와 조각의, 예술과 기계의 구분이 모호한 경우도 있지만 동정근이 택한 키네틱적인 예는 시각적인 착시나 착각을 통한 평면 작업의 구성적 배열에 따른 운동감의 표현이란 점에서 다분히 2차원적이고 회화적이다. 그것은 앞서도 말했지만 건축의 한 요소일 수는 있지만 정확한 건축적 방법론이라고는 할 수 없다. 그리고 아마도 동정근이 강하게 내보이고 있는 회화적인 영향은 중고등학교 시절 그에게 익숙한 회화 수업과 전혀 무관하지만은 않을 것이다. 그는 건축 수업 초기에 신건축의「수퍼스타의 집」현상 공모에 응모한 적이 있었는데 그때 그는 당선작인「라켈 웰스의 집」의 건축적 표현 방법에 상당히 고무되었다고 한다. 구체적인 도면이나 상례를 벗어난 개념만으로 건축을 나타냈다는, 당선작의 표현 방법은 작가 동정근의 개념 편향적인 건축에 적지 않은 영향을 끼친 것 같다. 결국 건축이란 추상적인 개념의 사고와 추상적인 공간이라는 질료로 실체를 걸러내는 작업이다. 건축이란 정말 얼마나 위험한 줄타기인가?

우울한 비익의 꿈──무중력의 공간으로

교활한 까마귀, 끈덕진 거미의 손에
덩굴 속 새털의 깃에 속지 마세요
[……]
대추가 싹트는 아름다운 계절이군요!
추락하는 자는 누구나 날개를 가집니다.
　　　　──잉게보르크 바하만, 「놀이는 끝났다」에서

그러나 이카루스는 밀랍으로 만든 날개를 달고 그의 아버지가 준 충고를 잊은 채 태양 더 가까이에서 비행하려다 그만 날개가 녹아 추락하고 말았다. 그 추락한 이카루스의 어깻죽지에도 녹다 만 날개가 달려 있었을까? 동정근의 「우원사옥」은 중력을 배제한 상태에서의 그 자유로운 건축적 형태를 침울하게 보여준다. 기본적으로 동정근의 비상은 '분출하는 의식의 상징'으로서의 비상이다. 독일어로 상징은 'sinnbild'인데 'sinn'은 '의미'라는 뜻으로, 의식적이고 합리적인 면에 속하고 'bild'는 '이미지'라는 뜻으로, 비합리적이고 무의식적인 면을 나타낸다고 한다. 어떠한 대상을 상징으로 파악하느냐 아니냐 하는 것은 전적으로 그 대상을 바라보는 인식자의 태도에 달려 있다. 즉 똑같은 대상을 두고 보더라도 어떤 사람은 무의미한 대상으로만 생각할 뿐 별다른 상징체계를 구하지 못하는 반면 어떤 사람은 똑같은 대상에서 수많은 의미를 발견해낼 수 있다. 동정근이라는 작가가 비상이라는 주제를 하나의 상징체계로 설정했다는 말은 거꾸로 보자면 거기에서 어떤 의미를 읽어낼 수 있었다는 말과도 같다. 따라서 그것은 단순한 조형적 의지의 표현이기보다는 보다 심각한 작가 내부의 의미 작용에 깊숙이 닿아 있다.

그런 의미에서 「우원사옥」의 상부에 자리한 원통형의 공간은 집단 의식에서 솟아오르는 산을 나타낸다. 사실 작가가 구구절절 나열하고 있는 우리의 전통 건축에서 보이는 떠 있는 구름과 같은 공포의 이미지라든지 전통 무용의 비상의 의미, 물 위에 떠 있는 연꽃의 모티프 같은 우리 전래의 상징체계에 대한 '빗댐'은 계속적인 작가의 내면 숨기기에 다름 아니다. 다시 말하자면 작가가 말하는 그러한 비상의 모티프들은 작가의, 세계를 향해 열려 있는 얼굴 즉 페르소나인 것이다. 그의 내면에는 위의 그림에서처럼 대담하고 높이 나는 독수리로서의 아니무스, 즉 야망에 차 있고 여성적인 지성을 갖춘 상징이 자리하고 있다. 융에 의하면 이 독수리는 고통을 겪으며 피를 흘리고 있다. 지구와 물은 피로 가득 차 있다. 동정근의 비상의 상징체계는 그런 억눌린 자아의 발현이자 자신의 페르소나에 대한 계속적인 반발이다. 그 계속적인 반발은 「중곡동 갤러리」의 키네틱적인 회화의 평면에서 이제 무중력의 공간으로 한층 진일보했다는 점에서 건축가 동정근의 중요한 작품이 된다. 그의 비상은 점점 더 단순한 운동적 비상에서 진정한 가벼움으로 그 자유를 위해 날갯짓한다.

저 빛을 향하여 —— 투명한 구조와 그 가벼운 비상

건축사에서 빛에 대한 본격적인 집착을 보인 최초의 양식은 아마 고딕이었을 것이다. 순수한 환경적 성격의 의미를 명백히 표현한 비텔리 Bruno Vitelli의 투명성, 농밀성, 불명료성, 음영의 요소들은 고딕의 그러한 특성을 잘 대변해주고 있다. 고딕의 빛은 저 높은 곳을 향한 초월적 비상의 빛이요 구원의 빛이었다. 이를테면 그것은 플라톤적인 빛이었다. 그렇다면 동정근의 「빛의 타워」는 어떠한 빛인가? 그의 말을 빌려보자.

인간적 사고의 본질적 행위는 상징화이며, 문화 환경은 우리가 갖는 상징화 능력을 기초로 한다. 환경 설계의 본질은 상징화 행위이며 건축물의 표면은 이에 따라 주어진 것이다. 상징으로 표상되는 도상 icon은 단순 전달의 기능에서 사상의 진보를 위한 매개물이며 언어나 부호로 이어지는 철학이나 수학 또한 종교보다 사상의 진보에 우선하고 있다. 상징은 현실 세계를 비상하여 이상 세계로 들어가려는 시도이므로 상징을 통해 이성으로 파악할 수 없는 이데아의 세계에 도달하고자 한다.

허버트 리드의 어투가 강하게 풍기는 위의 진술은 작가가 비상의 상징체계를 계속해서 규명할 수밖에 없는 하나의 변으로, 상징은 이데아의 세계에 도달하는 하나의 방법론으로 다가온다는 이야기다. 그리고 동정근의 비상이 계속해서 회화적 언어와 건축적 언어 사이에서, 초월과 그 예술가적 감성 사이에서 끊임없이 흔들리는 이유도 바로 거기에 있다(왜냐하면 예술이란 초월과 초월하고자 하는 욕구 사이의 끊임없는 줄타기이니까). 즉 자신의 상징체계를 이데아를 향한 비상으로 이해하려는 오류에 있다는 말이다. 아마도 그는 너무 높이 오르려 하거나(이카루스) 아니면 이미 그 자리에서 역으로 행하는 비상이라는 취사선택을 했을 것이다. 그가 주장하는 상징체계가 자꾸만 건축적 해결의 구도에서 멀어지는 이유 또한 거기에 있다. 그러나 이 「빛의 타워」는 좀더 건축적 방식으로 한 걸음 더 다가와 있다. 적어도 비상이라는 상징의 체계 내적인 면에서만 본다면 이 「빛의 타워」의 개념은 완벽하다. 단순한 오브제로서의 그것은 그 스직적 삼승감을 주는 계단탑(더군다나 그 계단탑을 한쪽 모서리만 원으로 날렵하게, 속도감 있게 살짝 처리하고 있다. 나는 그 휘어진 두

우울한 비익의 꿈　199

동정근,「월드북센터」개념도.

동정근,「월드북센터」모형.

벽 사이에 끼어서 동정근이라는 건축가의 가능성에 다시 한 번 탄복한다)과 수평적 부상의 날개로 역시 발광체와 같이 처리된 보들의 행렬은 가히 환상적이다. 그는 확실히 꾸준하게 비상이라는 주제로 작업해오면서 단순히 날아오르는 비상의 의미에서 빛의 이미지라는 한 차원 높은 단계로 우리의 기대에 답한다. 즉 「중곡동 갤러리」나 「우원사옥」이 그 물리적 역동성에 주목해서 착시로 인한 운동감과 무중력 상태의 단순 설정에서 비상이라는 이미지를 펼쳐나갔다면 「빛의 타워」는 스스로 빛을 뿜어내는 물체의 가벼움을 조장하며 어떤 동역학적 도움도 없이 스스로 비상하는 자유로움을 상징화하고 있다.

동정근은 한국 건축계에서 아주 희귀한 존재가 아닌가 생각된다. 많은 건축가들이 물론 자신의 작업에 일정한 주제를 두고 작업하지 않은 것은 아니지만 동정근처럼 일관되게 그것을 추구해온 뚝심 있는 작가는 드물다. 비상에 대한 그의 집요한 집착은 편집적이라고 말해도 과언은 아닐 듯싶다. 그것은 역으로 앞서도 이야기했듯이 그의 내면을 억누르고 있는 억압의 체계를 짐작케 하는 단서가 된다. 왜 그는 그토록 비상이라는 주제에 집착하는 것일까? 그의 집단 무의식의 발현이라는 말을 액면 그대로 다 받아들일 수가 없는 것은 집단 무의식의 내용들이 바로 태고 유형인데 태고 유형은 과거 경험의 기억상과 같은, 완전히 발달된 심상이 아니기 때문일 것이다. "무엇보다도 태고 유형은 콤플렉스의 핵심이다. 태고 유형은 중심이나 핵심으로 작용하여, 관계 있는 경험들은 자석처럼 끌어당겨서 콤플렉스를 형성한다. 경험이 추가되어서 충분한 힘을 얻으면, 콤플렉스는 의식에 침입할 수가 있다. 태고 유형이 의식과 행동에 표현되는 경우는 잘 발달된 콤플렉스의 중심이 되었을 때 뿐이다."[39]

결과적으로 동정근의 비상의 주제는 폐쇄적인 성향이 다분한 아이였음에도 불구하고 타인과 아무 불협화음 없이 어울릴 수 있었던 그의 잘 발달된 페르소나에 대한 반대급부이다. 즉 대세에 순응하는 태고 유형인 페르소나에 대해 내부에서 일고 있는 끊임없는 자기주장의 억누름이 비상이라는 주제로 표출된 것이다. 그리고 그것은 이제 키네틱적 이동성에서 아예 공간 자체를 지워버려 부상의 이미지를 강조하는 작업으로, 그리고 다시 그 빛과 자유로움, 비상과 빛과 자유의 상징으로 결합되는 새로운 국면을 맞게 되었다.

하늘을 나는 노고지리가 자유로웠다고 노래한 어느 시인의 말은 수정되어야 한다고, 그 노고지리가 무엇을 보고 노래하는지 자유를 위해 비익해본 적이 있는 사람이라면 알 것이라던 시인 김수영의 말처럼 동정근은 자신의 비상을 통해 무엇을 보았던 것일까.

---

39) 캘빈 S. 홀 외, 최현 옮김, 『융 심리학 입문』, 범우사, 1998.

사라져버린 집

 시간을 거슬러 과거로 돌아가 내 아버지를 살해한다면 현재의 나는 어떻게 될까?

 이 유명한 '아버지 살해'라는 명제는 현대 물리학이 이해하는 시간의 관점을 극단적으로 보여준다. 결론부터 말하자면, 나는 여전히 죽지 않고 살아 있다. 그렇다면 내가 지금, 여기 나를 존재하게 하는 원인이 제거된 상태에서도 나를 계속 존재하게 하는 것은 무엇인가?

 우리가 시간을 거슬러 과거로 돌아간다는 것은 '여기'의 과거로 돌아가는 것이 아니라 우리의 '거울 우주'의 과거로 돌아간다는 의미이다. 따라서 내가 살해하는 아버지는 '여기' 존재하는 나의 아버지가 아니라, '거울 우주'에 존재하는 나의 아버지이기 때문에 '거울 우주'의 내 존재는 소멸하지만 '여기' 있는 나의 존재는 건재한 것이다. 이 시간의 가역성을 '여기 우주'와 '거울 우주'로 연결해주는 통로가 바로 '벌레 구멍'이라고 불리는 것이다.

이 시간의 가역 장치를 통해서 우리가 짐작할 수 있는 하나의 가설은 현재는 무수히 존재한다는 것이다. 마찬가지로 무수한 과거가 존재하는 것이다. 그렇다면 시간은 흐르지 않고 어느 거대한 벽 속에 화석처럼 굳어 있는 것일까? 고요히 움직이지 않고 고여 있는 시간의 연못.

석굴암에 가면 유마상(維摩像)이 있다. 석굴암의 조각상 가운데 이상하리만큼 유독 세련되지 못하고 어눌한 조각상이 바로 그것이다. 혹자는 이 조각상을 두고 미완성의 작품이라고 하고, 혹자는 유마의 중도(中道)를 그런 식으로 표현한 수작이라고 평한다. 나는 어느 쪽인가 하면 유마힐이 왼손에 비스듬히 들고 있는 주미(麈尾, 청정한 먼지떨이)의 선명함과 신체 아랫부분에 새겨진 안상의 무늬가 선명한 것으로 보아 결코 미완성의 작품은 아니라고 보는 쪽이다. 그러나 그러면서도 한 가지 켕기는 것은 신라인이 그런 어눌한 표현을 했다는 것인데, 아마 석굴암이 백제인들의 작품이었다면 의심 없이 유마힐의 내면을 표현한 수작이라고 말할 수 있었을 것이다. 이마에 그어진 굵은 주름과 두꺼운 입술, 무언가를 지긋이 쳐다보고 있는 시선은 아마도 그에게 절대 평등의 경지를 물었던 문수보살을 향한 시선이었을 것이다.

나는 건축가 이종호와는 별 안면이 없다. 그저 공식 석상에서 잠깐잠깐 나눈 인사가 다이고 보면 무슨 특별히, 그에 대한 인상 같은 것을 가지고 있을 턱도 없었다. 그러나 이 글을 위해 동숭동에 있는 그의 사무실을 찾았을 때 나는 유심히 그를 관찰할 수 있었다. 짧고 굵은 목과 이마에 강하게 그어진 주름, 거무튀튀한 피부에 작달막한 체구, 연신 피워대는 말보로 라이트. 어디 갈데없는 석굴암의 유마상이 거기 앉아 있었다. 문득 실실 웃음이 새어나왔다. 턱선 위로 추켜올려져 잔뜩 힘을 준 그의 어깨가 어쩌다 터져나오는 웃음에 어이없이 풀려버릴 때는 장난기 잔뜩 배어 있는 아이의 표정으로 짧은 순간, 사람을 무장해제시키는 편안함도 있었다.

이종호의 아니마와 아니무스

이종호의 작업은 당연히 모더니즘의 연장선에서 출발한다. 그러나 그의 모더니즘은 선택적이다. 어쩌면 그는 그의 건축적 태생과 삶이 각각 다른 방향성을 갖고 있는지도 모른다. 모더니즘과는 다른 자질을 갖고 태어나서 모더니즘의 토양에서 자란 것 같은 인상을 나는 그의 몇몇 작품에서 강하게 받았다. 좀 거친 표현이 되겠지만 낭만주의의 태생이 모더니즘의 토양에서 자랐다고나 할까?

「방목기념관」을 찾아서 명지대 용인 교정을 찾아갈 때까지만 해도 나는, 그것과 같은 시기에 계획된 「행정동」의 존재에 대해서는 까맣게 모르고 있었다. 내가 부주의해서인지

이종호, 「명지대──방목기념관」, 용인. 1999.

「방목기념관」이 소개된 다른 잡지에서도 「행정동」에 대한 이야기는 없는 것 같았다. 그런데 막상 거기에는 「방목기념관」과 같이 「행정동」의 존재가, 서로 떼어서 이야기해서는 안 될 것처럼 서 있었고, 나는 아주 흥미롭게 두 건물을 즐길 수 있었다. 어떻게 이 건물이 둘로 나뉘 이야기되어야 했는지 나는 이해할 수 없었다. 「행정동」이 아직 마무리 공사 중인 것으로 봐서 그전에는 다루기 어려울 정도였는지는 몰라도 어쨌든 나는 운이 좋았다.

우선, 「방목기념관」은 가파른 경사지에 반쯤 덮여 있고,

행정동은 경사면의 아래쪽 끝으로 발등에 흙을 묻히듯이 살짝 덮여 있다. 그러나 「방목기념관」의 납동판으로 마감된 상부가 구름처럼 들려져서 「행정동」 쪽을 향해 흘러가듯이 부유한다면, 「행정동」의 상부는 목을 꼿꼿이 세우고 정면을 응시하듯이 당당하게 서 있다. 마치 「방목기념관」의 존재는 안중에도 없는 것 같은 도도한 태도이다. 그리고 이러한 「행정동」의 태도는 이미 이종호의 다른 작품인 「바른손 센터」에서 우리가 익숙하게 보아왔다. 「바른손 센터」가 완만한 수평적 곡면과 완고한 수직적 비례로 미래에 대한 묵시록적 비(碑)로 서 있다면, 명지대 「행정동」은 단조로운 입면과 수직적인 과감한(이종호의 작업에서 때때로 나타나는 수직적 오프닝에 관한 질서와 추락에 대한 성적인 쾌감을 자극하는 공간은 가히 세계적이다) 오프닝들로 고소 공포와 함께 성적 오르가슴을 동반한 20세기 문명의 마조히즘을 극적으로 표현하고 있다.

두 건물이 차지하고 있는 대지도 족히 20미터는 넘음 직한 단 차이를 보이고 있어 「방목기념관」에서 「행정동」으로 넘어오는 브리지는 방문자들에게 일상적인 공간의 권태를 털어버릴 것을 요구한다.

그에 비하면 「방목기념관」의 먹구름은 애교에 불과하다. 그것은 마치 도도한 이성의 사랑을 구하듯이 애절한 세레나데를 부르며 「행정동」을 바라보고 있다. 그런데 그 사랑은

이종호, 「바른손 센터」, 서울, 1994.

다분히 양성애적이면서 동성애적이다. 이 두 건물처럼 한 작가의 아니마와 아니무스가 한 건물 안에서 복합적으로, 두 건물 사이에서 교차적으로 보이고 있는 예를 나는 보지 못했다. 「방목기념관」의 먹구름을 받치고 있는 하부는 여성적인 피부를 가진 남성적인 육체를, 「행정동」의 내부 공간에는 수직적인 힘과 수평적인 오프닝들이 주는 부드러운 이끎이 공존한다. 결국 이 두 건물의 성은 그것이 남성이든 여성이든 동성애적이고, 거기에는 나의 아니마와 나의 아니무스를 교차적으로 애무하는 자기애의 한 표현도 같이 드러나 있다. 결국 동성애의 이면에는 은밀한 자기애가 도사리고 있게 마련이다. 「바른손 센터」에서는 그것이 미래에 대한 비전으로 대체되면서 보다 남성적으로 보여져 모더니즘의 광기와 닮아 있는 부분이 있다면, 「방목기념관」과 「행정동」은 극히 개인적인 성적 정체성을 드러내고 있다.

사실 「방목기념관」 하나만 두고 이야기하자면, 내부의 시선을 이끄는 긴장과 이완을 낳는, 공간적인 내용은 하나도 없다. 그저 어둡고 답답한 계단을 내려오면서 억지스러운 수직적 오프닝과 만날 뿐이며, 먹구름 속의 교수 식당에도 그런 계단을 따라 올라온 실망을 만회해줄 만한 어떤 클라이맥스도 없다. 그저 밖에서 건물을 바라볼 때 한국 건축계 내에서만 이야기되는 먹구름에 대한 호기심 정도로 그치고 만다. 그러나 그건, 좀 자괴적인 이야기지만 세계 건축의 담론에서 멀리 떨어진 변방의 호기심일 뿐이다. 중요한 알맹이는 다 빠졌다. 어쩌면 「행정동」 자체에도 그런 혐의가 있는지 모른다. 그러나 이 두 건물이 하나로 묶이면 이야기는 달라진다. 그 건조한 반복들이 겹쳐지면서 이상한 매력으로 우리를 휘어잡는다.

「방목기념관」과 명지대 「행정동」은 「바른손 센터」에서 한 걸음도 더 나아가지 못했다. 그러나 다른 방향에서, 「바른손 센터」와 별개로 충분히 매력적인 것만은 분명하다.

"하조대 근처에 열 평 남짓한 오두막을 설계한 적이 있습니다. 블록과 트러스로 이루어진 집이었는데 거기서 「율전교회」의 원형을 실험했었지요. 블록을 쌓고 트러스까지 다 올리는 걸 보고 나는 기분 좋게 차를 몰고 대관령을 넘고 있었습니다. 그런데 건축주로부터 전화가 온 거예요. 집이 없어졌다는 겁니다."

집이 없어졌다니. 분명, 트러스까지 다 올리는 걸 보고 왔는데 말이다. 그럴 수도 있는 건가?

"건축주가 자기 땅을 착각했던 거예요. 국유지에 앉혀버린 겁니다. 그래서 내가 떠나온 직후 군청 직원들이 와서 철거해버렸다는 전화였습니다."

그의 이야기를 듣고 나는 문득 소돔과 고모라를 떠난 한 여인에게 여호와가 준 금기가 생각났다. "돌아보면 소금 기둥으로 화하리라." 시인 이문재는 이 성경의 구절을 "돌아보지 않아도 이미 소금 기둥으로 변해"버렸다고 그의 시에서 노래했다. 이종호는 무엇을 돌아보았던 것일까? 그의 시선은 어디를 향하고 있었길래 그의 오두막은 소금 기둥으로 변해버렸던 것일까?

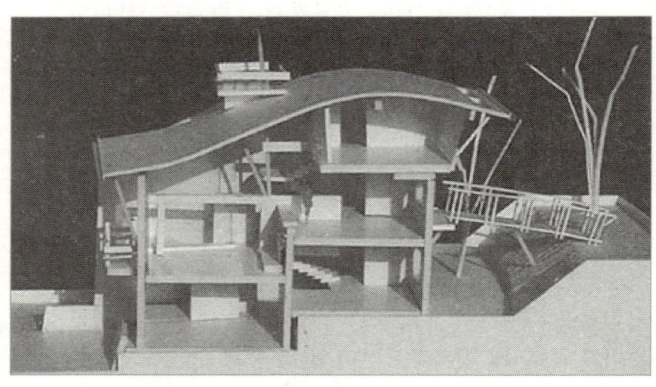

이종호, 「기흥빌라」 모형.

"사진 한 장 남아 있지 않습니다."

"아주 특이한 경험이었겠네요."

하긴, 사라지지 않는 것들이 어디 있겠는가? 1억 장의 벽돌로 건축된 모헨조다로의 도시도 시간의 지층 속에 묻혀져 갔고, 우리의 도시도 언젠가는 저 시간의 연못 속으로 침잠해 들어갈 것이다. 시간보다 가벼운 것은 아무것도 없다. 시간의 연못, 그 밑바닥에 가라앉은 우리의 기억들. 그것들을 시간의 흔적이라고 말할 수 있을까?

40일간의 교회

이종호가 모더니즘을 선택적으로 차용하는 자유스러움은 「율전교회」 때부터 나타난다. 그때 내가 받은 인상은 한 마디로 '신선하다'였다. 그리고 어쩌면 그 '신선함'은 바로 '명징함'으로 이어지는 동일한 느낌이었는지도 모른다. 즉 종교마저도 거대한 규모의 경제하에서 어쩔 수 없이 자본주의의 논리에 이끌릴 수밖에 없는 현실에서 더욱 화려해지고 거대해지는 오늘날의 교회 건축의 일반적인 추세에,「율전교회」는 어떤 반대급부로 작용한다는 것이다. 물론 「율전교회」가 소박할 수밖에 없는 이유는, 첫째 작가의 남다른 사유의 바탕에서 기인한 것이겠고, 둘째는 작은 교구의 소읍에 세워지는 교회이니만큼 거기에 따른 자본의 축적이 이루어지는 한계가 있을 수 있을 것이다. 그러나 후자의 이유가 이 「율전교회」의 참신함을 반감시키지는 못할 것이다. 왜냐하면 이종호의 소박은 오히려 풍성하며, 더군다나 건축이란 자본과 예술의 사생아이기 때문이다.

「율전교회」의 평면에서 읽히는 작가의 전략은 사실 그리 복잡하게 얽혀 있지 않고 참으로 단순하다. 어쩌면 「율전교회」의 지금 같은 평면이나 매스는 그 대지가 요구하는 바와, 그 대지에 투자할 수 있는 자본의 축적 정도에 따라서 도출될 수 있는, 당연한 산물이 아닌가 하는 것이 나의 생각이다. 다시 말하자면 작가는 대지와 자본의 논리에 충실했다는 것이다. 대지에 충실한 건축가는 굉장히 긍정적으로 받아들여지는 데에 비해 자본의 논리에 충실한 건축가는 부정적이고 타협하는 예술가의 전형처럼 여겨지는 세태를 감안할 때에도 그 말이 좀 이상하게 들릴지는 모르겠지만 나는 그러한 편견은 분명히 건축의 순진한 엄숙주의라고 못 박아두고 싶다. 어차피 건축은 자본의 물을 떠나서는 숨을 쉴 수 없는 예술이다. 이러한 현대 건축의 속성에서 자유로울 수 있는 건축가는 아무도 없다. 그런 관점에서 이 작가는 대지가 요구하는 최적의 컨디션을 찾는 데 성공한 듯 보이고 그 자본의 논리에 충실함으로써 오히려 그것을 하나의 디자인 요소로 끌어들여 소화하는 건축의 진지한 방법적 해결을 시도했다.

그 방법적 해결들은 첫째, 지극히 간결한 신문 기사 식의 문체를 연상시키는 평면이다. 명지대 「방목기념관」과 「행정동」의 평면에서도 그렇지만 이종호의 평면은 아주 알기 쉽다. 그러나 그 알기 쉬움 뒤에는 더 이상 입방체의 구도를 깨뜨리는 어떠한 파격도 허용하지 않는 완고함이 있다. 그리고 무엇보다도 그 완고함이 청교도적 결벽증에 머무르지 않고 외부 공간과의 친화력을 확보하는 것은 역시 목재로 짜여진 외부 프레임의 덕임은 두말할 것도 없다(「방목기념관」에서는 길 전면의 스크린과 납동판의 구름이 전나무숲과 조화를 이루고 있다). 둘째 입면상에서의 대중적 재료의 사용이다. 특히 블록벽으로 벽 전체를 마감하지 않고 블록벽과 나무벽으로 이등분하여 그 위에 트러스를 짜 올린 것은 다시 한 번 이종호의 그림자와 빛을 떠올리게 한다. 만약 이 교회가 벽 전체를 블록으로 마감했다면 이 작품은 그냥 평범한 시골 교회로 남았을 것이다. 그리고 길게 찢은 세로창과 목재와 블록의 혼재와 더불어 「율전교회」의, 치솟는 십자가는 사실 이 건물의 마침표와 같은 구실을 해주는 날렵한 종지부다. 아울러 그의 수직적 오프닝의 맹아를 보여준다(모든 수직 구조물이 다 마조히즘을 자극하는 것은 아니다).

「마태복음」 4장에는 성령에 이끌려 광야에 시험받으러 가는 예수의 고행이 나온다. 예수는 그 광야에서 40일간 금식하며 시험을 받는다. 그 광야에서 40일간 고행하는 예수를 위해 지어주어야 할 교회가 있다면 바로 이런 식의 교회가 아닐까. 그만큼 이 교회는 소박하다. 그리고 그로 인해서 풍성하다. 비록 건축적인 언어는 아니지만 이 '소박'과 '풍성'은 이종호의 작업을 설명하는 데 아주 적합하다. 왜냐하면 이종호는 아무것도 내세우지 않으면서 모든 것을 자기 것으로 만들려는 굉장한 꿍심(?)의 소유자 같기 때문이다. 실제로도 이종호의 작업에서는 별다른 건축적 이론을 찾아볼 수 없다. 그 스스로도 별다른 이론을 말한 적도 없고, 그 부분에 대해서는 의아할 정도로 무관심한 태도를 보였다. 그는 그의 선배 세대들에게도 기대며, 후배들의 논리에도 슬쩍 기댄다. 그러나 아주 독립적이다. 그의 기대기는 아무도 눈치채지 못한다. 몇 개의 건물을 완성하고는 곧 자신의 독자적인 이론을 표방하는 조급한 천재들(?)이 있다. 그에 비하면 이종호는 느리다. 그 느림이 그의 모순을 이끈다.

'사이'에서의 긴장과 일탈

이종호는 작금, 춘추 전국 시대의 한국 건축계에서 자신의 설계 방법이라든지, 건축적 철학에 대한 발설을 유보하고 있는 몇 안 되는 건축가 가운데 하나이다. 그가 그런 부분에 대해서 발설하지 않는 것은 결코 아직 그의 건축관이 채 그림

이종호, 「박수근미술관」, 양구, 2002.

으로 그려지지 않았거나, 말해야 뭐하나 하는 식의 냉소가 있기 때문만은 분명 아니다. 유마힐은 차별이 없는 절대 평등의 경지를 묻는 문수의 질문에 입을 다물고 있다. 유마힐은 문자나 언어로 이야기되지 않는 어떤 것을 말하고 있는 것이 아니다. 언어나 문자의 차이, 나와 타인의 차이, 관념과 실제의 차이와 같은 모든 가치의 차이를 넘어서 입을 다물고 있는 것이다. 그가 말하지 않는 것은 문수의 질문을 넘어서 있다는 것이다. 문수는 그런 유마힐의 경지를 극찬한다.

"나한테는 그런 거 없다는 거 잘 알고 있잖아요?"

그러나 나는 문수가 아니다. 그의 태도는 어쩌면 비겁한 것일 수 있다. 막 나가서 이야기한다면 그는 엄연히 자본의 시녀다. 그는 유마힐이 아닌 것이다. 어쩌면 그는 감히 그런 경지를 훔쳐보고 있는 것은 아닐까? 자본의 무수리 주제에…… 한국 건축계에 횡행하는 제 논에 물대기 식의, 말도 안 되는 이론들을 보며 저게 아닌데 하다가도 나는 곧 정신을 차린다. 어쩌면 저것이 우리의 운명이라는 거겠지. 오류를 무릅쓰고 말해야 한다는 것. 왜냐하면 우리는 초월자들이 아니니까.

"철학자 김진석 씨의 '포월'이라는 말을 나는 참 좋아합니다."

결국 그런 건가? 언제나 삶이라는 것을. 초월이 아니라 낮은 포복으로 기어서, 김수영 식으로 "온몸으로, 온몸으로 밀고 나가"는 것이라는 걸. 그는 미니멀리즘을 이야기하며 조심스럽게 이 삶에 대해 이야기했다.

"삶이 관여하는 미니멀리즘이란 게 가능한지 모르겠어요. 그렇다면 미니멀리즘이란 게 건축이란 장르에서는 가능하지 않을 수도 있겠지요. 그건 삶의 태도의 문제겠고, 건축에서는 뭔가 다른 이름으로 불러야 하지 않을까요?"

미니멀리즘에서 시간의 문제는 곧 재현의 문제이다. 미니멀리즘이 재현이라는 문제를 전면적으로 부정하고 들어가서 시간의 문제를 곧 현존의 문제로 해석한다고 할 때 삶은 언제나 찰나적이고 그 찰나에서 영원을 본다는 것은 아직까지는 미니멀리즘이 안고 있는 숙제 중의 하나이다. 어쩌면 건축에서의 미니멀리즘이란 삶의 태도와 관련하여 오히려 더 긴밀한 관계를 맺고 있지는 않을까? 하는 생각이 잠시 머리를 스쳐 지나갔다. 어쨌든 어떤 질문에도 그의 대답은 요지를 벗어나 있었다. 둔한 얼굴로 어눌한 말투로, 이건가 저건가 그 스스로도 종잡을 수 없는 말들을 횡설수설 늘어놓았다.

"어리벙벙한 건축. 내 건축은 그런 것이고 싶어요."

그러나 그가 지향하는 바와 달리 그의 건축은 어리벙벙하지 않다. 확실히 어리벙벙한 건축이란 말은 포스트모더니즘의 한 대안으로 떠오를 수는 있다. 그러나,

"내 머리는 늘 근대적인 가치에 고정되어 있습니다. 그런데 내 몸은 그렇지 않아요. 그도 그럴 수밖에 없는 것이 내 몸이 겪어야 했던 한국의 근대는 머리가 생각하는 근대적인 것 어디에도 있지 않습니다. 그런 의미에서 나는 모더니스트가 아니에요."

이종호, 「KTB 극장」 모형.

사라져버린 집

라고. 그가 이야기할 때 그의 어리벙벙한 논지는 다시 말 그대로 흐려진다. 정말 어리벙벙하다. 그의 말대로 한국의 근대가 한국의 전근대와 수입된 근대의 하이브리드라면, 이종호의 「바른손 센터」는 이제까지 한국의 모더니즘 건축이 만들어낸 백미 중의 하나라고 생각한다. 인류가 진화할 때마다 한 번씩 나타나 무엇인가를 이끄는 거대한 비석 '모놀리스.' 스탠리 큐브릭의 그 검은 비석이 이종호에게는 상쾌한 알루미늄 패널로 클레딩되어 햇빛 속에서 반사되고 있다. 스탠리 큐브릭의 영화 「2001년 오디세이」는 감상하는 영화에서 체험하는 영화로 영화의 개념을 깬 탈근대적인 영화이지만 그것이 기대고 있는 시간과 공간의 해석에서는 대단히 근대적인 기울기를 갖고 있다. 이종호의 모놀리스는 이 근대적인 기울기를 갖고 우리를 어떤 상념에 빠지게 한다. 신화의 한 귀퉁이로 — 거기에서 시간은 항상 과거로 향한다. 근대적 가치의 이상들이 얼핏 보기에는 미래 지향적인 것 같지만 자세히 들여다보면 과거에 대한, 고전에 대한 치밀한 계산을 깔고 있다. 신화는 그런 모더니스트들이 추구했던 가장 광범위한 대상이었다. 이종호의 「바른손 센터」는 그에 비하면 훨씬 순진하다. 거기에는 어떤 신화의 표피밖에 존재하지 않으니까.

"오히려 그 반대가 아닐까요? 머리는 늘 탈근대적 가치를 지향하지만 학습에 의해 몸에 박힌 근대적 어휘들이 나오는 것 아닙니까? 어쩔 수 없이."

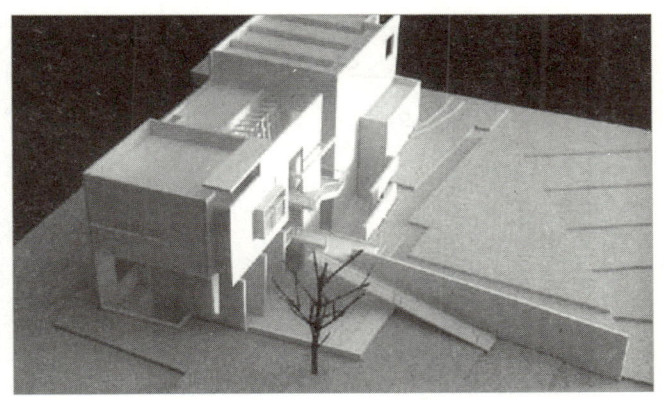

이종호, 「메타 사옥」, 서울, 1990.

"아, 그럴 수도 있겠네요."

뭔가? 그는 자신이 모더니스트가 아니라고 했다가 금방 모더니스트일 수도 있다고 선선히 자인해버린다. 이쯤 되면 "넌 모더니스트야"라고 내가 공갈치는 것 같은 형상이다. 사실 나는 그런 공갈을 쳐도 된다. 왜냐하면 나의 방법에 있어 유마힐적인 불이(不二)의 인식은 없으니까. 유마힐은 문수와 같이 온 보살들을 향해 물었다. "여러분 보살들은 어떻게 해서 차별을 떠난 절대 평등의 경지에 듭니까?" 이종호는 아마 자신의 입이 봉해지길 바랄 것이다. 유마힐이 그랬던 것처럼.

"이거 다 남이 했던 말이에요."

그는 웃으며 자리에서 일어났다.

아도니스의 빛과 어둠
— 김재관의 최근 작업에 대하여

　이 글에는 처음부터 한 가지 한계가 노정되어 있음을 먼저 고백해야 한다. 그 한계는 건축의 공간이 언제나 그 기능과 밀접하게 연결되어 있다는 사실에서 출발한다. 김재관의 교회 건축을 다루는 이 글에서도 교회라는 사실은 그 건축을 이야기하는 데 빠져서는 안 되는 중요한 요소임에 틀림없다. 그러나 나는 그럼에도 불구하고 이 글에서 다루게 될 김재관의 세 교회 건축의 공간(「충신교회」「성만교회」「대흥교회」)을 이야기하면서, 그것이 교회라는 특정한 용도를 갖고 있다는 사실을 일부러 도외시하고자 한다. 거기에는 두 가지 이유가 있다. 첫째 나는 김재관의 교회 건축을 살펴보고 싶은 게 아니라, 김재관의 건축을 그의 교회 작업을 통해 살피고자 하기 때문이다. 이것은 그의 작업이 주로 교회 건축에 집중되어 있기 때문만은 아니다. 일반적으로 종교 건축은 건축가의 이상화된 공간을 가장 추상적으로 표현할 수 있는 적절한 대상이다. 따라서 거꾸로 종교 건축은 한 건축가가 지향하는 건축의 구체적인 모습들을 세세히 지적할 수 있다는 점에서 오히려 좋은 패러다임이 된다. 그러나 김재관에게 종교 건축이라는 건물의 용도는 단지 하나의 빌미에 불과하다. 그에게는 교회는 이래야 한다는 고정관념 같은 것은 애초에 없다. 하지만 그렇다고 그런 리버럴한 종교적 신념이 그의 교회 건축에 영향을 끼치고 있다는 말은 물론 아니다. 김재관에게 건물의 기능은 절대적으로 공간의 순수성에 복무한다. 김재관에게 그 순수성은 빛과 빛으로 이루어지는 모든 것이다.

그리고 그 빛이야말로 건축가 김재관의 종교성이다. 이것이 두번째 이유다. 그에게 있어 교회 건축의 패러다임은 빛 하나로 통한다. 동시에 이것이 그의 건축의 주제가 되는 것이다.

모더니즘과 모더니즘 이후의 사이

빛은 건축 예술에 있어 끊임없이 되풀이되어온 한결같은 주제이다. 김재관에게 이 빛의 문제가 다시 나타난다고 해서 그렇게 특별할 것도 없다. 그러나 그럼에도 불구하고 우리가 김재관 건축에서 이 빛에 다시 주목해야 하는 이유는 그에게 빛은 상징과 은유가 아닌 구체적인 인식의 문제이고, 구축의

김재관, 「충신교회」 내부, 제주, 2001.

방법을 바꾸는 근본적인 힘이기 때문이다. 그에게 빛은 신의 말씀을 상징하지도 않고 말씀의 나라를 이루는 은유도 아니며, 한 예술가의 초월적 지향점도 아니다. 그에게 빛은 기필코 요리해내야 하는, 도마 위에서 살아 펄펄 뛰고 있는 생선과 같다. 또 그것 때문에 그의 구축의 방법들은 처음부터 일정한 공식을 가지고 진행된다. 생각해보라, 지금 우리의 건축 기술로 건축에 빛을 끌어들이는 문제를 생각할 때, 더군다나 상징과 은유를 걷어치웠을 때, 얼마나 뻔한 것이겠는가. 사실 김재관의 작업에서 보이는, 빛을 끌어들이는 방식은 진부하다 못해 고루하기까지 하다. 그의 처녀작인 「강정교회」에서부터, 「충신교회」, 그리고 계획안인 「대흥교회」에 이르기까지 그 진부함을, 오히려 그렇게 지속적으로 쓰고 있다는 사실이 놀라울 정도이다. 예배당 천장의 가장자리를 돌아가면서 뚫어놓고 천장에서 자연 채광이 쏟아지게 만드는 것이 그의 묘기(?)의 전부이다. 그것은 줄기차게 그의 작업 거의 전부를 통해 되풀이된다.

그렇다면 왜 그는 이런 고집, 혹은 막무가내인 배짱을 부리는 것일까? 분명 김재관은 재기 넘치는 건축가는 아니다. 이 말은 그에게서 넘치는 재기를 찾아볼 수 없다는 뜻이 아니다. 가끔 김재관은 '직관'이라는 말을 쓰는데, 그가 쓰는 직관이라는 말에서 '논리를 넘어선 타당성'이라는 개념은 적당하지 않다. 그의 직관은 논리를 넘어선 타당성이 아니라 오히려 타당성 이전에 반드시 '설명되어야 하는 논리'에 더 가깝다. 그것이 타당성이 있는지 없는지는 그의 관심사가 아니다. 그의 작업에서 늘 보이는 단조롭고 평이한 수법들은 그렇지 않은 다른 방법들에 대해 "도대체 왜, 그렇게 해야 하는 거야?"라고 묻고 있는 것 같다. 거기에 대한 설명을 마련하지 못할 때 그는 그런 방법들에 대해 주저 없이 반대편에 선다. 설명 가능한 진부함을 택할지언정 설명하지 못하는 ('설명될 수 없는'이 아니다) 재기는 그의 방법이 될 수 없다.

그런 의미에서 그는 아마도 4·3그룹 이후의 세대들 중에 가장 충실한 모더니스트일지도 모른다. 설명될 수 있는 것이 어디 있으며, 꼭 설명해야 하는가?라는 인간 인식의 근본적인 문제를 던지며 나온 4·3그룹 이후의 세대들이 보다 자유로운 건축의 방법들을 개진할 때 김재관은 같은 세대들을 불만스럽게 바라보고 있는 것이다. 그러나 그렇다고 해서 그것이 곧 한 젊은 작가의 진중한 태도로 치사되는 것은 아니다. 왜냐하면 그가 같은 세대들을 의심에 찬 눈초리로 본다는 것은 동시에 선배 세대들에 대해서도 그렇다는 의미이기 때문이다. 그 증거로 그의 작업에서는 굉장한 비약이 이루어진다. 그의 평면은 설명할 필요가 없을 정도로 지극히 간단하다. 간단함은 복잡함을 지워 나간다는 말이기도 하지만 김재관에게는 처음의 생각을 전체로 확대해서 시종일관 밀고 나가 결국에는 관철시킨다는 의미이다. 그렇듯이 그의 건축은 온통 빛에 대한 비약으로 가득하다. 물론 그 비약의 대상은 말할 것도 없이 타당성 이전에 설명되어야 하는 논리로

김재관, 「성만교회」, 부천, 2003.

서의 직관이다. 이 직관이 그의 작업을 모더니즘에서 분리시키고 모더니즘 이후와도 일정한 거리를 두게 하는 주된 요인이다.

빛이 있으면 당연히 어둠도 있다. 김재관 건축은 항상 어둠에서 빛을 향하고 있다. 그의 건축이 빛과 어둠을 번갈아가며 살아내듯이 그는 항상 모더니즘과 모더니즘 이후 사이에서 양자를 견제하며 자신의 건축적 삶을 일궈내고 있다. 「충신교회」는 보다 어둠에 다가가서, 그리고 「성만교회」는 보다 빛 쪽으로 나아가서.

복도를 걷는 무의식의 발걸음

그리스 신화에 나오는 아도니스는 시리아의 왕 테이아스와 그의 아름다운 딸 스미르나 사이에서 태어난 청년이다. 그러니까 아도니스는 아버지와 딸의 근친상간으로 태어났다. 아도니스에게 할아버지는 동시에 아버지였고, 어머니는 동시에 누나가 되는 셈이었다. 신화에 의하면 아도니스는 1년 중 넉 달은 지하에서, 넉 달은 지상에서, 그리고 넉 달은 혼자서 사는 거주의 제한을 받게 된다.[40] 아도니스라는 이름은

---

40) 평소에 테이아스 왕은 미의 여신 아프로디테가 아무리 아름다울지라도 자기 딸보다 못할 거라고 딸의 미모를 칭찬하였다. 이에 화가 난 아프

주인을 의미하는 아돈 adon이라는 경칭에서 유래하는데 그리스인은 멧돼지(시리아인에게는 신성한 동물이다)에게 살해된 아도니스에게 풍년신의 생성과 소멸을 대입하고 있다.

아도니스는 나무의 몸에서 태어나 지하에서 키워지고, 지상에서 마법에 걸려 다시는 지하로 돌아가지 못한다. 그러니까 지하를 벗어나자마자 아도니스는 마법에 걸려 예정된 자신의 운명을 살지 못하고 만다. 우리가 생각하는 의식이라는 것이 사실은 마법에 걸린 최면 상태라면 아도니스는 한번 지하를 떠난 후 다시는 자신의 무의식을 들여다볼 수 없었던 것이다. 그처럼 김재관의 건축에 있어서 빛은 우리 의식의

로디테는 아들 에로스에게 명하여 스미르나에게 사랑의 금화살 한 대를 쏘게 했다. 화살에 맞은 스미르나는 아버지에게 견디지 못할 정도의 욕정을 품게 되었고, 결국 그녀는 아버지가 술에 취하게 한 뒤 동침하여 임신한다. 딸의 임신을 알게 된 아버지는 아기의 아비가 누구냐고 물었고, 그게 자신의 아이라는 것을 알게 된 왕은 창피하고 분한 마음에 칼을 뽑아 딸을 죽이려고 했다. 이때 아프로디테 여신이 스미르나를 몰약나무로 변하게 했고 아프로디테는 몰약나무 둥치 속에서 자라는 아기를 꺼내 상자에 넣어 남의 눈에 띄지 않는 지하 세계로 데려가서 페르세포네에게 맡겼다. 이 아이가 아도니스인데 아름다운 청년으로 자라면서 페르세포네와 아프로디테 두 여신은 아도니스를 사이에 두고 연적이 된다. 이에 중재에 나선 제우스는 아도니스에게 1년 중 넉 달은 페르세포네와, 넉 달은 아프로디테와 그리고 나머지 넉 달은 아도니스의 자유의사에 맡기기로 했다. 그러나 아프로디테에게 간 아도니스는 아프로디테가 가지고 있던 케스토스 히마스(마법의 띠)로 욕정에 사로잡혀 페르세포네에게 돌아갈 수 없었다. 결국 아도니스는 사냥하다가 아프로디테의 정부인 전쟁의 신 아레스가 변한 멧돼지에 의해 죽게 된다.

어떤 명징한 순간처럼 밝게 빛나는 것이 아니라 늘 마법에 걸린 최면 상태처럼 벽을 타고 축축 흘러내린다. 그래서 슬래브는 떠 있는 것이 아니라 우리 머리 위를 육중하게 짓누른다. 천장과 벽의 틈새로 내려오는 빛은 건물 전체를 무겁게 가라앉히고, 그래서 빛은 축제가 아니라 어둠의 일부처럼 보인다. 「충신교회」는 이러한 건물의 하강성을 극명하게 보여준다. 본당의 시멘트 뿜칠로 마감된 벽은 천장에서 내려오는 빛의 속도를 저지하면서 대지를 뚫고 흘러내려 그대로 지하의 식당과 복도에까지 가 닿는다. 이 장치를 위해 지상에는 내부, 외부에 여러 개의 오프닝이 준비되어 있고, 벽은 단조로운 박스로 굳건하게 닫혀 있다.

그래서 「충신교회」의 지하 복도는 우리에게 들여다보기 싫은 무의식의 공포를 생각나게 한다. 완전히 폐쇄된 길도 아니고, 빛이 이정표가 되는 길도 아닌, 이 지하 복도는 두 개 층 이상의 오프닝으로 실제 깊이보다 더 과장되어 보인다. 우리는 이 길을 가면서 마치 저 끝에서 전혀 생면부지의 심문관과 맞닥뜨릴지도 모른다는 생각에 사로잡힌다. 그리고 「충신교회」는 그 막연한 불안으로 끝나지만 그 불안의 정체는 「대흥교회」에서 드러난다. 「대흥교회」의 2층 로비에서 주방과 사무실로 둘러싸인 복도를 통해 식당으로 이어지는 길은 식당 너머의 빛에 의해 이 긴 무의식의 터널을 통과해 우리가 도달해야 할 지점을 명확하게 설명해주고 있

김재관, 「충신교회」 선큰.

다.[41] 만약 「대흥교회」의 식당이 식당의 용도가 아니라 소예배실 정도로 계획되었다면 이것은 그대로 종교적 성숙의 단계를 상징한다고 보아도 좋을 것이다. 그렇듯이 김재관의 복도는 점과 점을 잇는 이동의 수단이 아니라 점과 점 사이의 또 다른 점이다. 만약 무속의 제의가 그러하듯이 억압이 없는 종교적 심성이 없다면 김재관의 복도는 저 아도니스가 두고 온 지하 세계를 떠올리게 한다. 그는 건축적으로도 분명히 그 불명확한 어둠에 놓여 있다. 자신이 과연 누구인지 우리는 그 복도의 끝에서 자신의 얼굴과 마주할 수 있게 될 것이다.

죽음과 사랑의, 구별과 구분

더군다나 이 복도가 빛의 문제에서 파생된 결과임을 볼 때 김재관이 추구하고 있는 빛의 정체는 더 분명해진다. 「충신

---

41) 그런 의미에서 나는 복도에 관한 한 「충신교회」의 실패를 「대흥교회」가 극복하고 있다고 말하고 싶다. 비록 「대흥교회」는 계획안이긴 하지만 김재관의 건축적 이상과 종교적 이상을 잘 통합하고 있는 건물이다. 무조건(그는 이런 혐의를 받기에 충분하다) 대지에 박스를 두르고 그 안에서 시작하는 그의 작업 과정에 비추어볼 때도 주변의 부정확한 대지를 오히려 간명한 선으로 자르고 대비시켜 한 변의 길이가 80미터 남짓한 거대한 박스가 오히려 그 긴 축의 길이로 인해 설득력 있게 다가온다.

교회」의 경우에는 주로 본당을 중심으로 빛이 내려오지만 전체적으로 건물을 관통하는 경우는 없다. 그러나 김재관은 「성만교회」에서 건물 전체를 흐르며 내려오는 빛을 구상해낸다. 그 결과 「성만교회」는 두 겹의 박스로 계획되었고 빛은 그 사이에서 건물 전체로, 역시 느리긴 하지만 이전의 흐름과는 비교할 수 없게 건물 전체로 흩뿌려진다. 그리고 복도는 내부에서 외부로 돌출되어 역시 별개의 매스로 나타난 화장실과 엘리베이터를 묶어주면서 독립적인 형태를 보여준다. 그 결과 평면은 지극히 단순해지면서 중심은 건물의 사면을 타고 흐르는 빛과 외피의 질감에 집중된다. 그리고 「대흥교회」에서 보여준 로비와 빛에 이르는 순서가 여기에서는 반대로 빛을 따라 하강한다. 즉 4층의 중정부터 계단을 따라 내려오면서 반투명 강화 플라스틱으로 둘러싸인 계단실의 또 다른 빛의 흐름이 건물을 내려오면서 보이는 십자가까지 「대흥교회」의 역순으로 진행되고 있는 것이다. 글쎄, 김재관은 그 두 방향성을 통합하는 것이라고 주장하고 싶을지는 모르겠지만 분명히 「성만교회」에서는 「대흥교회」의 역순을 구사하고 있다고 보인다. 비록 지하는 없지만 「강정교회」에서와 같이 「성만교회」의 1층은 거의 지하의 분위기를 자아낸다. 구조적으로는 아무 상관 없는 두꺼운 벽돌 기둥을 일부러 만들면서까지 빛의 수직성을 유지하려는 분명한 의도가 읽힌다.

이렇듯 김재관이 보여주는, 흐르는 빛에 대한 천착은 철저한 구분과 구별을 통해서 이루어진다. 구별은 다른 것들을 갈라내는 것이고, 구분은 일정한 목적을 위해 가르는 것이라고 할 때, 김재관에게 있어 후자는 빛을 만지기 위한 것이었고 전자는 그에 따른 기능을 합리적으로 해결하기 위한 것이었다. 그의 작업에는 포스트모더니즘 건축의 모호성이 존재하지 않는다. 그의 건축의 간명함은 다분히 여기에서 기인한다. 어쩌면 그에게 있어 주변 환경과의 대응, 자연과의 조화, 컨텍스트 운운하는 건축 일반의 요구들은 그래서 무시되는 측면도 있다. 그는 철저하게 내면을 지향하는 건축가이고 그의 건축은 바깥에 관심이 없다. 그는 먼저 바깥과 대지를 구별하고, 건물의 피부를 구분하며, 실의 프로그램을 구별하고 배치한다. 교회 건축의 특성 상 분명한 공간의 위계가 물리적으로도 확정되어 있어서 그렇기도 하겠지만 김재관의 건축에는 제우스에 의해 거주를 제한받았던 아도니스적인 공간의 위계가 분명하게 있다. 아도니스의 죽음과 사랑은 자신의 고독에 의해 구별되고 제우스의 의도에 의해 구분된다.

 김재관의 박스는 그래서 거의 동일하다. 「충신교회」와 「대흥교회」는 입면으로만 보면 매스만 늘려놓은 것 같다. 그러나 자세히 보면 이 박스는 조금씩 변한다. 「강정교회」와 「충신교회」에서는 이 박스와 주변을 연결하거나 시각적으로 완

김재관, 「대흥교회」 모형.

충해주는 외부 공간이 있었다. 그러나 「대흥교회」와 「성만교회」에 오면 이 매개물은 싹 사라져버린다. 그리고 대신에 계단이 그 자리를 대체하고 있다. 어떻게 보면 점점 더 폐쇄적으로 되어가는 듯 보인다. 그에 따라 박스는 점점 더 견고해지고, 내부의 빛의 흐름이 강조되는 것이다. 빛의 흐름이 강조된다는 것은 그만큼 어둠의 농도도 짙어진다는 것이다. 그래서 「성만교회」는 마치 창자를 투명 비닐봉지에 넣고 다니는 병자처럼 코어를 전부 바깥으로 내놓으면서, 내부의 어둠과 벽과 벽 사이를 흐르는 빛의 흐름을 부각시키려고 했다. 그가 벽과 벽을 마주 보게 하면서 본 자신의 얼굴은 무엇이었을까?

아프로디테를 빼앗겨 질투에 찬 아레스는 멧돼지로 모습

을 바꿔 엄니로 아도니스의 옆구리를 찔러 죽였다. 애인이 죽었다는 소식을 듣고 달려온 아프로디테는 그의 주검에 넥타르〔神酒〕를 뿌리고 꽃이 될 것을 축원했다. 그래서 피어난 꽃이 바로 '아네모네(anemone, 바람꽃)'이다.

결국 아도니스는 지하에 뿌리를 두고 지상에 꽃을 피우는 식물성으로 자신에게 지워진 운명의 통합을 이루었을까? 아니면 끝끝내 죽어서도 지하로 돌아가지 못해 자신의 무의식을 들여다보지 못하고 마법에 취한 의식을 모르는 채 또 다른 마법에 걸려버린 것일까? 어쩌면 「성만고회」는 김재관 건축에 있어서 하나의 전환점이 될지도 모른다. 그는 여기에서 분명히 어떤 모종의 결론을 얻은 듯 보인다. 그것이 무엇이든 작업을 하는 당사자야 말할 수 없이 괴롭겠지만 그것을 보게 될 우리는 또 얼마나 행복하겠는가?

건축은 자연의 확장이다

자연에는 예(禮)가 없다 ——「대구은행 연수원」

건축이라는 오래된 인류의 습관(?)이 의식적으로 행해지기 시작하면서부터 건축과 자연의 행복한 조우는 유사 이래로 모든 건축가들의 공통된 고민이었다. 아마 조금 다른 점은 기계 문명이 발달하기 전에는 어떻게 하면 저 자연의 폭압에 효과적으로 대응할 수 있을까?였다면, 오늘날의 기계 문명 시대에는 어떻게 하면 저 아름다운 자연과 같이 잘 살 수 있을까? 하는 정도일 것이다. 건축가가 생각하는 자연에 대한 인식은 오랜 시간이 흘러 '폭압'에서 '아름다운' 것으로 변했다.

사실, 이제 비와 바람과 추위와 더위쯤은 모든 기계 장치로 해결할 수 있게 되었고, 오늘날에 와서 자연은 단지 '아름다운' 풍경을 제공해주는 것으로 건축가의 머릿속에 자리하게 되었다. 그러나 과연 자연은 아름다운 것일까? 자연은 어떻게 인간을 겸허하게 할까? 자연의 의미는 무엇일까? 거기에 대한 나의 생각은 이렇다. 자연은 가혹한 풍경이고, 자연은 그 무지막지한 폭력으로 우리를 겸허하게 만든다. 바로 자연에 대한 그런 완벽한 외경을 통해서만 우리는 자연이며, 우리는 폭력 자체이고, 우리의 의미가 자연의 의미가 되는 것이다. 그리고 그것이 바로 상황주의[42] 건축의 인식이다. 「대구은행 연수원」은 작가의 의도와는 상관없이 이 맥락 없는 상황주의적 인식의 곤두박질을 잘 보여준다.

「대구은행 연수원」은 북향이다. 「대구은행 연수원」이 북향이라는 사실은 자연에 대한 설계자의 생각을 단적으로 보여준다. 말하자면 "인류는 이제 모든 자연에 대한 현상을 과학의 힘으로 정복했으니 자연은 하나의 경관 제공을 위해 인간에게 복무하라"이다. 그렇다고 모든 북향 건물이 그렇다는 것은 아니다. 사실 「대구은행 연수원」은 향이 없는 건물이라고 해야 옳다. 원형으로 건물의 주된 스킴을 가져간 것은 일견 이 대지가 가지고 있는 좌향의 불리함을 극복하고자 했던 의지가 읽히는 대목이기도 하다. 원형이라는 무방향성으로 더 이상 확장할 길 없는 남향의 일조(日照)를 포기하고 아예

---

[42] 예술이나 정치를 진보의 객관성이나 역사의 요구가 아니라 일상적 삶과 개인 주체성들의 요구와 기대에서 출발시키자는 예술 운동. 그들은 가장 적극적인 대안으로 '구축된 상황constructed situation'이란 개념을 제시했는데 여기에서 상황주의라는 명칭이 유래되었다.

건축은 자연의 확장이다

원도시, 「대구은행 연수원」 내부, 대구, 1998.
중정은 이상하게 아주 상징적인 마당이 되어버렸다. 인간의 행위를 포용하지 못하고 밀어낸다.

향 자체를 다방향화시켰다는 것은 논리적으로 아무 흠이 없어 보인다. 더욱이 이 대지의 일조 시간이 하루 4시간을 넘지 않는다는 점에서 보면 특히 연수원 같은 성격의 건물이 들어서기에는 참으로 부적합한 대지가 아닐 수 없다. 그러니 이 대지에서 좌향을 문제 삼는다는 것은 이 건물의 존립 자체를 부정하는 꼴이 된다. 문제는 이 대지가 안고 있는 여러 가지 건축적 결함들, 채광의 문제, 에너지 효율의 문제 등을 이 건축가가 어떻게 해결하려고 했는가 하는 점이다.

「대구은행 연수원」은 북측 입면에도 루버를 두었다. 이것은 난센스이다. 나는 이 건물을 두고 기계적 기능주의의 산물이라고 말하고 싶지는 않다(왜냐하면 이 건물은 논리적으로 그처럼 철저하지도 치밀하지도 못하다). 어쨌든 그런 이 건물의 메시지는 분명하다. 그런 것들은 모두 기계 장치들로 해결하겠다는 것이다. 그러나 따지고 보면 방수 문제 한 가지만 보더라도 아직 20세기 기술 수준으로는 역부족이 아닌가 말이다. 그리고 그런 건물들일수록 한결같이 전통에서 그 대안을 찾는다는 것은 숫제 자가당착을 넘어서 억지스럽다(이 부분은 설계자 중의 한 사람도 '치기'였다고 고백했듯이 더 이상 거론할 바가 아니다). 그렇다면 이제 한 가지가 남는다. 자연에 대한 조망이다.

앞서 이야기했듯이 「대구은행 연수원」은 팔공산 자락과 도덕산을 끼고 있는 큰 골짜기 중의 남측 산자락에 앉아 있어 항상 볕이 잘 든다. 그리고 산세가 돋보이는 팔공산 산등성을 바라볼 수 있도록 되어 있다. 그러나 그 풍경은 단지 외벽의 장식에 국한될 뿐이다. 직경 36미터의 중정은 그 풍경과 무관하게 단지 상징적인(?) 환경 조각물로 채워져 전통 중정의 열린 가능성을 제한하고 있고, 또한 중정 너머의 자연과도 무관하다. 왜 이 좋은 자연 속에 「대구은행 연수원」의 자연은 박제되어서 상징적 조각물로만 존재하게 되었을까? 왜 「대구은행 연수원」은 볕 잘 드는 팔공산 자락의 풍경을 중정으로 끌어들여 공간적·시각적 연결을 꾀하지 않았을까?

나는 그것이야말로 바로 우리 현대 건축이 생각하고 있는 자연관이라고 말하고 싶다. 디자인만 있고 건축은 사라지고 없었다. 자연에는 예가 없으므로 가혹하다.

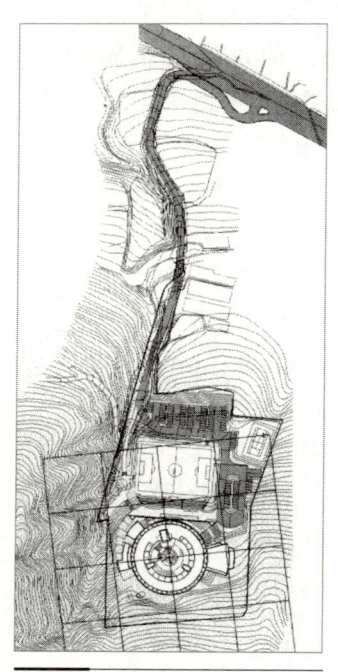

「대구은행 연수원」 배치도
길 건너편으로 팔공산의 산등성이 병풍처럼 펼쳐져 있다.

최적의 배치였다, 그리고?
―「계원조형예술대 ― 브리지」

건축은 구조물이 아니다. 건축은 구조적 해결만으로 세워질 수 없다. 완벽한 수학적 논리를 갖춘 구조체라 할지라도 건축적 내용이 없다면 건축은 무너지고 만다. 구조물이 무너지는 것이 아니라 건축이 무너지는 것이다.

나는 건축적 내용이라는 것이 반드시 구조적 해결을 수반해야 한다고 생각하지 않는다. 아무것도 없는 진공 상태에서도 건축적 내용은 존재할 수 있으며 진공은 그 자체로도 완벽한 구조적 해결을 완성하고 있다. 대부분의 물리적 붕괴는 거의가 다 부실 시공 ― 구조적 문제 ― 에 있다고 하지만 나는 그렇게 생각하지 않는다. 대부분의 붕괴는 오히려 건축

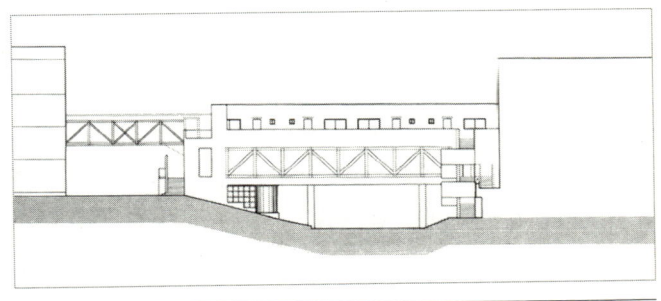

「계원조형예술대 ― 브리지」 입면도 ― 누하진입의 경계성

건축은 자연의 확장이다

내용적인 붕괴에 따른다. 삼풍백화점 사고와 같은 경우에는 전자의 경우이겠지만, 성수대교의 붕괴 같은 경우에는 명백하게 건축 내용에 있어서의 매뉴얼이 지켜지지 않았기 때문이라고 나는 생각한다. 이러한 예를 면밀히 살펴보면 아마 수도 없을 것이다.

그러나 또 명백하게 구조물은 그 공간의 분위기에 막대한 영향을 끼친다. 군사적 용어로 진(陣)을 펼친다는 것은 다시 건축적으로 말하자면 일정한 개념을 가지고 구조물을 배치한다는 뜻이다. 군사적 배치는 외부의 적을 효율적으로 관리하기 위해서 펼쳐지지만 건축적 진은 내외부의 공간을 통합하는 건축 내용의 배치를 꾀한다.

정기용의 「계원조형예술대」는 그런 건축 배치의 내·외부 공간의 통합적 진이라는 점에서 몇 가지 문제점을 노출하고 있다.

주지하다시피 정기용의 작업은 증축이다. 기존의 붉은 벽돌로 치장 쌓기가 되어 있는 극장 부분과, 길 건너 강의동을 잇는 브리지가 바로 작가의 작업이다. 이 「계원조형예술대—브리지」는 기존의 몇 개의 동을 포함한 전체 마스터플랜을 정기용이 다시 계획했고, 이번 작업은 그 첫번째 시도라고 할 수 있다. 앞으로의 전체 플랜이 어떻게 될지는 모르지만 정기용이 비탈진 학교의 입구 부분에 브리지를 두어 우리 전통 건축의 한 방법인 누하진입의 효과를 낸 것은, 학교 진입

정기용, 「계원조형예술대—브리지」 전경, 평촌, 1997.

부분에 대한 강조를 통해 진입 공간과 메인 공간의 경계를 설정하는 데에는 일단 성공하고 있다. 그가 여기서 누하진입을 통한 공간적 변화를 꾀한 것은 이론의 여지없이 최적의 배치가 아닐 수 없다. 그것은 나로 하여금 우리 전통 건축의 절묘한 '끊음'과 '이음'의 팽팽한 긴장에 대해 다시금 감탄하게 했다. 일단, 진(陣, 군사적 의미에서)의 배치에는 성공한 것이다.

그러나 그 내용은 어떤가? 너무 황당하다. 철골로 트러스를 짜서 유리로 벽을 마감하여 누상의 개방감을 확보하고 거기에 식당을 겸한 휴게실을 둔 것까지는 좋았다. 그러나 기존의 두 동을 수평으로 연결하는 브리지의 관입성은 극장에 접한 부분에서는 주방의 배치로 그 연결이 사라지고, 강의동에 접한 부분에서는 증축 작업에서 흔히 저질러지는, 프로그램의 상이함으로 인해 어정쩡하게 들러붙어 있다. 비록 그

건축은 자연의 확장이다 241

하층 부분에서 연결은 되고 있지만 그 어색함은 다분히 요식 행위라는 인상이 짙다.

증축이라는 것이 어차피 기존의 프로그램과의 연속과 단절을 통해 얻어진다고 할 때도 브리지로 증축된 「계원조형예술대」의 작업은 아무래도 의식적 단절을 꾀했다고 보기에는 어딘가 석연치 않은 부분이 있다. 그렇다면 여기에서 하나의 문제가 제기된다. 왜 정기용은 이 브리지에다 굳이 주방과 같은 별도 기능을 갖출 수밖에 없는 휴게 시설을 고집했을까? 처음 나로서는 이것이 큰 의문이었지만, 그 의문은 너무나 황당하게 풀려버렸다. 사실 극장과 휴게 시설은 상식적으로도, 대단히 긴밀하게 연결되어서 생각해볼 소지가 많은 기능들이다. 더구나 대학의 극장이라면 더 말할 것도 없다. 그러나 정기용은 어떤 의도에서인지 브리지를 브리지 아닌 브리지로 끊어버렸다. 끊어진 다리가 다리인가? 나는 이해할 수 없었다. 최적의 배치를 하고 나서 그는 최악의 프로그램으로 내용을 망쳐놓았다.

더군다나 '땅의 기억'이라는 미명하에, 물이 흘렀던 곳이라고 자유 곡선의 유리벽을 디자인한 것도 너무나 선뜻 납득이 가버려서 유쾌하지 않다. 우리가 고작 땅에서 취하는 추억이라는 것이 그런 일차적 속성들뿐이라면, 추억은 어디에도 없을 것이다.

건축은 자연의 확장이다 ──「성신여대 ── 난향관」

맥루한은 도구는 신체 기관의 확장이라고 말했다. 망치는 손의 확장이고, 자동차는 발의 확장이다. 컴퓨터는 인간의 뇌를 확장한다. 아마도 이렇게 많은 정보를 기억하고 있었던 세대는 인류의 탄생 이래 우리가 처음일 것이다. 그렇다면 집은 무엇의 확장인가? 생각해보면 집은 무엇의 확장이 아니라 우주의 수축이라는 생각이 저절로 든다. 도구가 손이 가지고 있는 다양함을 표현한다고 할 때 집은 우주의 다양함을 이야기해줄 수 있을 것이다. 나는 집이라는 것 자체가 하나의 자연이라고 생각하지만, 건축이라는 것이 자연과는 다른 인공물로서의 대척점에 서 있다면, 당연히 집은 자연의 확장이라고 말할 수 있을 것이다.

성신여대 학생회관은 캠퍼스 가장자리까지 진행되어나온 급한 능선을 따라 그 세가 급격하게 떨어지는(거의 절벽에 가깝다), 지적도를 무시하고 지형도로만 본다면 캠퍼스 바깥에 위치한다고 해도 과언이 아닌, 허공에 자리하고 있다. 말하자면 높은 축대 바깥쪽에 지은 집이다. 오섬훈은 이 허공에다 인공의 발판을 마련하고 그 발판 아래쪽에는 지하실(그것도 서북쪽 면은 완전히 개방되어 있다)을, 그 발판 위쪽에는 피로티처럼 한 층을 띄워 강의동을 마련하고 있다. 반대

오섬훈, 「성신여대—난향관」, 서울, 1999.
성신여대 「난향관」은 산의 중턱에서 새로운 인공적인 경계를 만들고 있다.

「난향관」 데크

로 서북쪽에서 이 건물을 보면 흘러 내려온 경사지를 확장시킨 인공의 발판을 중심으로 위쪽 강의동과 아래쪽 실습실로 나뉘어 있다. 그 밖에 떠 있는 강의동의 부유감, 그것을 더 극대화하기 위한 입면의 손질, 아래쪽 실습동의 스킨의 선택, 그리고 내부의 시선을 위한 공간적 배려와 같은 대목에서의 실패 같은 것은 논외로 친다 해도 자연의 지세를, 그대로 허공에 연결한 인공 발판의 실패는 이 건물에 치명적인 손상을 입히고 있다.

산세를 끊어놓은 기존의 축대와 새로 허공에 구축해야 하는 이 건물 사이의 관계가, 다시 산세와 허공 간의 관계를 재설정하지 못하고 오히려 (축대만큼은 아니더라도) 실습동 자체를 축대화하면서 그 관계를 얼버무린 것은 안타까운 일이다. 왜냐하면 이 인공 발판은 그리 쉽게 얻어진 것이 아닌 듯 보였기 때문이다. 인공 발판은 기존의 이 땅이 갖고 있던 산세와 그 산세가 열어놓은 서북쪽 면의 개방감을, 단순히 아래와 위를 벌려놓는 것으로 간단히 해결하고 있기 때문이다. 그로 인해서 지상에 들려진 강의동은 (비록 지금은 육중하게 처리되어 있지만) 산허리에 감긴 구름처럼 가뿐하고 무심하게 떠 있을 수 있지 않았을까? 그리고 지면에 잠긴 실습동은 지금보다 더 사색적으로 가라앉을 수 있었을 것이다.

그래서 이 건물은 분석적이거나 사색적으로 보이지 않고,

다분히 감성적으로 보인다. 마치 멘델존Erich Mendelsohn이 바흐의 선율을 들으면서 떠오르는 영감을 잡으려 황홀경에 빠져 있듯이, 오섬훈은 건물을 이분법적으로, 수직적으로 통합시켜놓고, 막연히 바흐의 선율만 쫓아간 것 같은 느낌이다. 결국 수평적 통합의 실패가 수직적 통합 이후를 놓쳤듯이 이 건물의 내부 공간은 실패한 의도들로 가득하다. 특히 계단실 홀의 경사진 벽면(만약 이 벽면이 제대로 시공되었다면—그 효과를 미리 짐작한다는 것은 속단이겠지만—동북쪽의 계단과 같이 내외부에서 자연과 인공이 역동적으로 호응할 수 있는 좋은 장치가 될 수 있지 않았을까?) 같은 경우에는 너무 무책임한 방치가 아닐 수 없다.

자연의 확장으로서의 인공 발판이 실패함으로써 건축의 공간과, 산등성을 타고 오르는 가파른 계단의 의미와 그 지세가 이어지지 못한 것은 이 건물의 패착이 되고 있다.

확장된 건축의 넓이

그러니까 형식이 내용을 결정한다는 말도 옳고, 내용이 형식을 결정한다는 말도 옳다. 디지털 상에서의 글쓰기처럼 어떤 형식은 다른 내용을 강제한다. 그리고 어떤 내용은 새로운 형식을 요구하기도 한다. 소설가들에게 원고지 10매짜리

소설의 형식을 요구하면 소설가들은 이제까지 자신들에게 익숙한 60매 분량의 단편이나 400매 이상의 중편, 혹은 그 이상의 장편의 방식들을 버려야 한다. 그것을 그대로 10매짜리로 옮겨갈 때 그 소설은 실패한다. 반대로 작가가 기존의 소설 형식으로 담아낼 수 없는 특수한 세계관의 문제에 부딪힐 때 소설가들은 종종 다른 형식을 찾게 된다. 문제는 무엇이 무엇을 결정하느냐가 아니라 무엇을, 어떻게, 가장 효과적으로 전달할 수 있느냐이다.

선불교는 이 문제에 있어 가장 급진적인 실험을 보여준다. 즉 말을 끊고 나아가는 것이다. 불립문자(不立文字) ― 이 치명적인 역설을 통해 불교는 언어라는 가장 기본적인 소통의 한 형식을 파괴함으로써 의미 체계의 한 극단을 보여주는 데 성공한다. 그러나 그 교의적 측면을 드러내는 형식의 문제에 있어서 불교는 아주 장식적인 면모를 보이기도 한다.[43]

---

43) 불교 경전에는 종교적 장식에 대한 찬양이 유난히 많다. 대표적인 경전 『묘법연화경』에는 "꽃으로 장식하기(헌화), 탑 쌓아 바치기(조탑 공양), 불상과 불단을 장엄하기" 등이 부처에 대한 최고의 공덕으로 규정되어 있다. 많은 경전들에서 불상과 불전, 탑파를 화려하게 장식하기를 권장하고 있다. 통도사의 예에서도 각 건물들의 화려한 단청과 공포의 기교는 말할 것도 없고 대규모의 벽화들을 그려서 불전을 장엄한다. 영산전과 극락전에 그려진 벽화들이 대표적으로, 다보탑과 「반야용선도」에 나타난 인물들은 매우 사실적으로 그려져 있다. 장엄의 측면에서는

건축은 자연의 확장이다 247

그러한 측면은 건축에서 특히 도드라지는데(다른 종교 건축에서도 마찬가지겠지만) 물론 불교 건축의 장식적 면모는 거의 전부가 상징으로 이루어진다.

종교 건축에는 그 종교가 갖고 있는 유토피아적 세계관, 또는 신의 세계를 구현하려는 노력이 공통적으로 적용된다(그렇다면 성신여대 「난향관」의 유토피아는 무엇일까?). 고대 이집트의 신전과 피라미드, 그리고 중세 유럽의 교회 건축 등은 기술적 측면을 떠나서 그 이상으로 초월적 존재에 대한 외경과 신의 존재를 느끼기 위한 노력들이 꼼꼼하게 장치되어 있다. 그리고 그러한 목적을 건축적으로 실현하기 위

매우 표현적이면서도 기법 상으로는 사실주의적 경향을 동시에 갖는 것이 불교 예술의 속성이다. 최고의 조각 예술품으로 꼽히는 석굴암의 본존불은 '사실적인 동시에 환상적인' 경지의 극치라 할 수 있고, 이는 불교 예술의 궁극적인 이상이었다.

사찰의 건축 구성이 복잡하고 건물은 거대하고 장식이 화려한 까닭은 조형적·시각적 감동을 통해서 종교적 신앙을 유도하기 위함이다. 물질과 관념을 엄격히 구분했던 유교적 세계와는 달리, 불교도에게 물질은 곧 관념이고 관념이 곧 물질이다. 불교적 사고에 의하면 건축물은 존재 그 자체로서 의미를 갖는다. 다시 말하면 개개의 건물과 공간이 주체적 존재로서 작용한다. 불교적 공간 속에는 대중을 위한 기능과 쓰임을 담아야 하기 때문이다. 따라서 불교적 공간이란 개방적이며 공공적인 성격을 갖는다. 또한 종교적 상징성은 물질적 상징물로 존재한다. 이 역시 유교 건축의 추상적 상징성과는 대비가 된다. 불전, 불상, 탑 등의 가시적인 상징물들은 말할 것도 없고, 선종 사찰들의 절제된 구성 속에서 공간과 여백조차 물질화된 존재로 나타난다(김봉렬, 「사찰 건축: 어떻게 이해할 것인가」, 『가보고 싶은 곳 머물고 싶은 곳』, 안그라픽스, 2002).

한 인류의 노력을 건축사는 자세히 기술하고 있다. 고딕 건축의 첨탑은 보다 신에게 가까이 다가가고자 했던 당대인들의 종교적 염원을 표현하고 있으며 고딕의 빛은 그런 신의 성스러움과 동일하게 느껴지기도 했다. 종교 건축의 고딕의 빛은 오늘날에도 꾸준히 건축가들의 사랑을 받고 있지만 이 모든 것들

김개천, 「대각전」(동국대 법당), 서울, 2000.

이 신성을 위해 경주된 노력이었음은 이론의 여지가 없을 것이다. 그러나 이 신성의 문제에서 불교 건축은 여타의 다른 종교 건축과 약간 그 의미를 달리하면서 갈라진다. 왜냐하면 다른 종교 건축과는 달리 절집의 기원은 신도의 집거와 예배를 위한 장소라는 개념에서 출발한 것이 아니기 때문이다. 말하자면 사찰은 교회와 같이 신의 대행자로부터 말씀을 듣고자 모이는 회당의 개념이 아니라는 것이다. 그러니까 신성의 분위기야 교회나 사찰이 동일하게 추구하는 것이지만 신성의 깃들임이라는 문제에서는 달라진다. 교회가 반드시 신성의 깃들임을 전제로 한다면 엄밀히 이야기해서 사찰에 신

건축은 자연의 확장이다

성이란 존재하지 않는다.[44]

철저한 무소유와 수행을 기본으로 하는 초기 불교에서는 당연히 사찰이나 건축에 대한 개념이 없었다. 다만 비와 병충해를 피하고 함께 수행할 수 있는 장소, 또는 어떤 형태이든 불교적 내용이 담긴 장소라면 그곳이 곧 사찰이었다. 그러나 원림·정사 등의 초기 불교 건축과는 달리 불교가 대중화·조직화함에 따라 점차로 예배, 의례, 포교를 위한 공간이 필요하게 되고, 정형화된 사찰이 조영되었다. 이러한 사찰의 조영 방식은 시대에 따라 다양하게 변모되어왔는데 불교의 대중화와 생활 불교란 당면 과제에 놓인 오늘날에는 예불 공간과 법회 공간이 병행해서 발전하고 있다. 이에 따라

---

44) 교설이나 의례보다는 수행을 기본으로 하였던 초기 불교는 사문(沙門)의 근본 생활양식인 '사의지(四依止, 걸식(乞食), 분소의(糞掃衣), 수하좌(樹下座), 부란약(腐爛藥))'에 근거한 철저한 고행이 전제되었다. 그러나 사의지에 근거를 둔 수행의 기본 취지와는 달리 인도의 자연환경은 혹독하였으며, 특히 3개월간이나 계속되는 인도의 우기에는 병충해가 수행자들의 목숨을 위협하기까지 하였다. 이에 부처님은 우기인 3개월간, 탁발과 중생 교화를 위한 여행을 중단할 것을 계율로 정하고, 한 곳에 머물면서 수행하는 안거(安居)의 제도를 채택하였다. 우안거의 제도가 정립되면서 유력한 신도인 왕족이나 부유한 상인들은 불교 교단에 안거를 위한 원림(園林)을 기증하여 승려들을 머무르게 하였고, 다시 이 원림에는 정사(精舍)가 지어져서 사찰의 시원이 되었다. 최초의 원림은 죽림원(竹林園), 그리고 죽림원에 지어진 최초의 정사를 죽림정사라고 한다.

김개천, 「정토사 무량수전」, 담양, 2000.

절집의 성격도 예불과 선승들의 공부를 위한 전통적인 의미의 절집과 주로 대중들을 위한 법회 중심의 절집으로 나뉘어서 각각의 기능에 맞는 성격의 다른 공간을 만들기도 하는 것이 추세이다.

김개천의 「정토사 무량수전」은 후자에 가까운 성격의 절집이다. 문사수법회(聞思修法會)라는 불교 대중화 운동의 새로운 방법을 선도하는 불교 단체에서 지은 이 절집은 그래서 그 형식에 있어서도 상당히 자유롭다. 먼저 이 절집에서 제일 먼저 눈에 띄는 형식적인 파격은 주불의 자리에 있다. 「무량수전」은 아미타불을 주불로 한다. 아미타불은 극락세계를 주재하는 부처이며 이는 흔히 '서방정토'라는 말로 표현되듯이 주로 예불 공간의 서쪽에 자리하는 것이 보통이다. 그러나 김개천은 이를 동쪽에 자리하게 하고 사람들은 서쪽에서 예불하도록 했다. 이는 '내가 곧 부처'이고, 부처가 계시는 곳이 곧 '정토'라는 상당히 유연한 교리 해석에 기인한 구도인 동시에 신앙적인 자신감을 표현하고 있는 듯하다. 물론 여기에는 동쪽의 산지에서 서쪽으로 흘러내린 정토사의 대지를 풀어나가는 건축가의 건축적 의지와도 무관하지 않다.

정토사는 남쪽으로는 작은 저수지를 끼고 있으며 동쪽으로는 야트막하지만 제법 삐죽한 산지를 가까이 하고, 서쪽이 열려 있는 지형에 자리하고 있다. 진입은 비교적 낮은 서쪽에서 동쪽으로 이루어지는데 이는 동남쪽 산세의 허한 자리를 「무량수전」이 보(保)해주고 있어 적절한 배치라고 여겨진다. 또한 동서로 장축이 자리하면서 남쪽 저수지를 끼고 앉아 있다. 이런 자연의 지세를 「정토사 무량수전」은 아주 적절히 이용하는 데 성공하고 있다. 사실 「정토사 무량수전」은 기둥과 지붕 외에는 아무런 장식도 건축적 장치도 없다. 단지 2층의 회랑이 있고, 저수지에 면한 창에는 회랑을 두지 않고 빛을 최대한 끌어들인 것이 전부다. 그러나 자세히 보면 여기에는 건축가의 도발과 재기가 숨어 있다. 북쪽으로 난 2층 회랑은 주로 불상을 우러러보았던 우리들의 익숙한 시점을 완전히 배반하고 있다. 사실 주불의 머리 높이보다 더 위에서 불상을 바라보는 시점이 얼마나 낯선 경험인지 직접 보기 전에는 상상하지 못했다. 가히 파리에 에펠탑이 처음 건설되었을 때 그 위에서 파리 시가를 바라보던 시민들의 충격이 그와 같았을 거라고 여겨질 정도였다. 또 「정토사 무량수전」은 벽이 없다. 모든 벽은 다 띠살문으로 치환되어 있는데 문을 열면 모든 자연이, 저수지와 숲이 「무량수전」의 내부로 들어온다. 아니, 「무량수전」이 자연 쪽으로 확장하고 있다고 해도 무방할 것이다. 그렇게 확장된 「무량수전」의 내부는 저수지의 반짝이는 수면으로, 대나무 담장을 두른 숲으로 확장된다. 그리고 그 확장의 중심에 「무량수전」이 자리함으로써 건축은 경계를 넘어가버린다. 그러나 그렇게 넘어가버리는 것은 우리의 시선이고, 아마 마음일 것이다. 여전히 남아 있는 '여기'라는 장소성이야말로 「정토사 무량수전」이 품고 있는 고요의 정체일 것이다. 경계를 넘어가도 그대로 여기에 남아 있는 것. 그 장소. 「정토사 무량수전」은 그 넓이를 보여주고 있었다.

타락한 인간과 노아의 방주

유토피아의 문제에 대하여 기독교는 디스토피아로부터의 탈출을 전제하고 있다. 그러나 개신교의 공리주의는 '믿음'의 문제로 디스토피아 안에서의 유토피아를 꿈꾸는 듯하다. 정림건축이 꾸준히 교회 건축의 주요 개념으로 삼고 있는 방주의 이미지 역시 디스토피아 안에서의 유토피아로서의 교회를 대변한다.

칼뱅에 의해 종교 개혁이 일어나 칼뱅의 사상에 '개혁'이라는 이름에 붙여졌고, 이 개혁주의의 일맥은 칼뱅과 칼뱅 후의 개혁주의 신앙 고백, 즉 17세기 「웨스트민스터 신앙 고백서」와 교리 문답서 그리고 「도르트 신조」들을 통해서 계승되었다. 「도르트 신조」는 야코부스 아르미니우스[45]의 신학이 칼

---

45) 야코부스 아르미니우스(Jacobus Arminius, 1559~1609): 16세기 말에서 17세기 초 유럽은 종교 개혁이 마무리되고 있었다. 특히 당시 네덜란드 상황은 종교적으로는 예정 문제에 대해, 그리고 국가적으로는 교회와 국가의 관계에 대해 격렬한 논쟁이 진행 중이었다. 아르미니우스는 네덜란드의 오데와테르 출신으로서 15세기에 공동생활형제단에 의해 설립된 성 제롬 학교에서 초기 교육을 받았다. 그리고 마르부르크 대학에서 공부하였으며, 그 후 1582년부터 1586년까지 칼뱅의 제자인 테오도르 베즈(Théodore Bèze, 1519~1605) 밑에서 공부하였다. 그리고 1587년 네덜란드에 귀국하여 다음 해 목사가 되어 암스테르담에서 15년간 목회자로 일했다.

뱅의 신학을 떠나 있다는 것을 인식한 프란시스쿠스 고마루스가 이의를 제기하면서, "신앙 자체가 예정의 결과이다. 세계의 기초가 놓이기 전부터 하나님의 주권적 의지로 과연 누가 신앙을 가질 것인가 말 것인가를 결정하신 것이다"라고 주장했다. 결국 이 예정론 논쟁을 통하여 아르미니안주의의 교리인 「항변서 Remonstrant」가 정죄되었고, 개혁주의 교회에서 구원론의 핵심이 되는 전적 타락 total depravity, 무조건적 선택 unconditional election, 제한 속죄 limited atonement, 불가항력적 은혜 irresistible grace, 성도의 견인 perseverance of the saints이라는 일명 튤립 TULIP 교리가 세워진 배경이

그는 칼뱅주의에 반대하는 아르미니안주의 Arminianism의 창시자로 알려져 있다. 그러나 그가 맨 처음부터 칼뱅주의에 맞섰던 것은 아니었다. 그는 맨 처음 칼뱅의 교리를 반대하는 코른헤르트에 대해 칼뱅의 입장을 변론하는 일을 하였다. 그러나 그러던 도중 코른헤르트의 입장에 동조하기 시작하였다.

칼뱅주의에 의하면 인간은 전적으로 타락했으므로 하나님에 대해 전혀 알 수 없고, 하나님의 구원에 대해서 인간은 어떠한 경우에도 선택의 여지가 없다는 것이다. 그러나 이에 반해 아르미니우스의 입장은 인간이 전적으로 타락한 것은 사실이지만, 그렇다고 인간이 인형같이 하나님의 의지대로만 움직일 수는 없다는 것이었다. 말하자면 하나님이 은혜를 베푸셔서 구원을 주어도 그 구원을 받아들이느냐 마느냐 하는 선택권은 인간에게 있다는 것이다. 그래서 이러한 아르미니우스의 사상을 판단하기 위해 칼뱅주의자들은 1618년 도르트 교회 회의 The Synod of Dort를 소집하게 되고, 이 회의를 통해 아르미니우스의 주장은 정죄된다.

되었다.[46]

 아르미니안주의든, 칼뱅주의든 간에 개혁 교회로서의 장로교는 인간의 타락을 전제로 하고 있다. 그런 의미에서 인천「주안교회」가 표방하고 있는 방주의 이미지는 교리상으로도 매우 적절하게 보인다. 일종의 인간 청소(?)라고 볼 수 있는 여호와의 분노로 노아의 방주는 만들어지지만「주안교회」의 방주의 이미지는 인간 전체에 대한 구원의 이미지를 갖고 있다. 예정된 구원에 대한 능동적인 복종이라고 할 수 있다.「주안교회」의 지리적인 위치도 미군 부대와 도심의 고층 아파트 지역의 경계에서 묘한 움직임을 갖고 있다. 그것은 마치 주안 지역이 가지고 있는 어수선한 분위기(풍랑?)에서 막 탈출해나온 배와 같은 느낌을 주기에 충분하다. 지은 지 얼마 지나지 않은 고층 아파트 단지가 주는 생경한 가로풍경과 이전 이야기가 분분한 채 마치 버려진 벌판처럼 텅 비어 있는 군부대 부지가 더더욱 그런 느낌을 준다.

 이제는 웬만한 덩치의 교회 규모 앞에서는 놀랄 것도, 거부감도, 한심해하는 감정도 생기지 않게 되어버렸지만, 나는「주안교회」를 보고 좀 놀랐다.「주안교회」는 그냥 사무실이라고 해도 그 외관으로나, 프로그램의 내용으로나 하등 차이가 없어 보였다. 유리 커튼월로 둘러싸인 외관과 그 커튼월

---

46) 윤성목, 「우리가 고백해야 할 신앙 고백서의 내용」, 『보이스 21』, 1998년 5월호(통권 35호).

정림건축, 「주안교회」, 인천, 2002.

을 수평적으로 분절하고 있는 스테인리스 띠들, 그리고 마치 어느 호텔의 로비에 와 있는 것처럼 화려하게 치장된 대리석 바닥과, 샹들리에는 그대로 상업용 건물의 분위기였다. 교회의 중심인 본당이 오히려 낯설게 보일 지경이었다. 그렇듯이 「주안교회」의 중심은 본당에 있지 않았다. 순간 나는 개신 교회를 말하면서 교리를 들먹이는 것이 이제 더 이상 가능하지 않으리라는 예감에 휩싸였다. 교회의 교리와 공간의 문제를 따지는 것은 이제 정말 불가능해졌단 말인가? 칼뱅 이후 개혁 교회의 그 풍요로운 신앙 고백들은 다 어디로 갔다는 말인가?

그러나 선큰으로 외부와 연결되어 있는, 지하에 잠겨 있는 (이 교회의 지하는 잠겨 있다는 표현이 적절하다. 선큰에 의해

건축은 자연의 확장이다 257

건물의 본체와 지면이 열려 있어서 이 건물은 전체적인 방주의 이미지를 더 확고하게 보장받는다. 지반에 확고하게 뿌리박고 있기보다는 지반과 건물이 느슨하게 작용하고 있다고 보인다) 신도들을 위한 커뮤니티 시설은 무려 두 개 층의 엄청난 지하 면적을 할애하면서 이 교회에 활력을 주고 있다. 마치 한 쌍씩의 동물들이 노아의 방주에서 종의 다양성을 전시하고 있는 것처럼 주말의 이 교회의 지하는 선큰과 선큰에 면한 두 개의 지하층을 꿰뚫고 있는 오프닝으로 역동성 있는 공간이 될 것이다.

그러나 교회가 말씀의 집이라는 전통적인 개념이 움직일 수 없는 것이라면 「주안교회」는 도대체 무엇일까? 지금 개신교는 진정한 개혁 교회로서 인간과 신의 관계에 대해, 사회와 교회의 역할에 대해, 다시 한 번 근본적인 질문을 던져야 하지 않을까? 타락한 인간들이 노아의 방주에 타고 있는 것은 아무래도 이상하니까. 그러나 「주안교회」는 그런 이상한 자비심으로 충만하다. 어찌된 일일까.

건축가에게 습작은 없다 ―「일양약품 연구소」

 몇 년 전부터 삼십대 건축가들에 대한 이야기가 건축 전문지들을 중심으로 본격화되기 시작하면서, 비로소 우리 건축계에서 삼십대 건축가들의 존재가 급부상하기 시작했다. 그들 역시 삼십대 초반의 나이인 젊은 비평가 그룹인 전진삼, 이주연, 박민철의 동인지 『간향』 4집은 그런 삼십대 건축가들을 구체적으로 지목하며 우리 건축계에 존재하는 또 하나의 새로운 가능성에 대해서 조심스러운 진단을 시도했다. 그리고 그로부터 3, 4년이 흐른 지금 삼십대 건축가는 아주 자연스러운 현상처럼 되어버렸다. 그리고 그런 현상은 그만큼

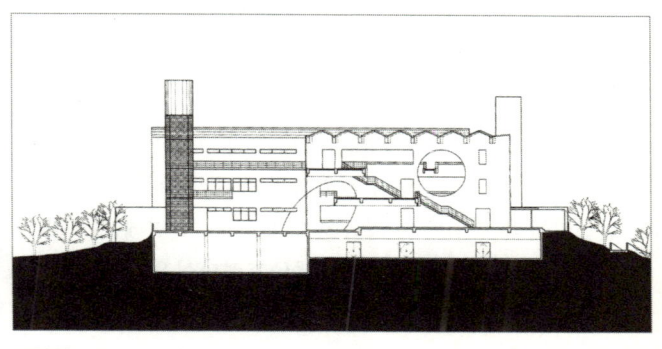

최낙진, 「일양약품 연구소」, 1997.

동세대 비평가들의 자기 세대의 자리 매김을 위해 꾸준히 작업을 지속했다는 말도 되지만, 무엇보다도 그것에 고무된 기민한 삼십대 작가들이 용기를 내어 발언하기 시작했다는 말도 될 것이다. 실제로 앞서 예를 든 그룹들이 주축을 이뤄 발행하고 있는 『건축인』과 건축 비평가 조권섭이 중심이 된 무크지 『비평건축』은 그들이 의식했든 안 했든 간에 젊은 건축가들의 발언에 귀 기울이고 있다. 어쩌면 1990년대 한국 건축에서 삼십대의 목소리가 수면 위로 떠오르게 된 것은 기존의 건축 저널과 변별성을 확보하려는 젊은 건축 언론인들의 대안일는지도 모른다. 당시 작품을 기다리자는 나의 소극적인 삼십 대 건축가론이 무색해지지 않을 수 없는 국면이 되어버린 것이다.

그러나 우리가 여기서 한 가지 짚고 넘어가야 할 것은, 작금 우리 건축계의 삼십대 건축가들의 급부상은 분명히 나의 오래된 우려처럼 작품에 의한 새로운 충격으로 비롯된 것이 아니라 저널리즘에 그 태반을 기대고 있다는 사실이다(긍정적으로, 매체-비평-작가의 절묘한 삼각 구도가 한국 건축계의 스타를 만들어낼 날이 멀지 않았다). 최낙진 역시 그런 삼십대 건축가들의 혐의에서 자유롭지 못하다. 반면에 그에게서 다행스러운 것은 선배 건축가들이 훈련받아온 모더니즘의 바로 그 퀴퀴한 냄새가 나지 않는다는 것이다(하지만 또 다른 면에서, 선배들의 철저함 또한 그에게는 없다). 자, 나는 여기서 내 문장을 번복한 괄호 안의 문장을 다시 번복해야 할 처지에 놓여 있다. 이렇게—, 바로 그 철저하지 못한 부분이 능력의 부재가 아니라 관심의 부재에서 기인한다면 분명 그것은 하나의 가능성이 될 수 있다는 것이다. 어쩌면 그들 삼십대 건축가들이야말로 우리 건축계의 모더니즘 콤플렉스를 벗어던질 세대들 중에 하나일는지도 모른다. 왜냐하면 삼십대 건축가들이 그것을 벗어던지기엔 그들 역시, 선배들의 궤궤함 정도는 아니지만 너무 깊은 모더니즘에 대한 향수가 있기 때문이다. 최낙진 역시 거기에서 자유롭지 못하다. 「일양약품 연구소」의 시원한 아트리움은 그 콤플렉스로 인해 제대로 그 빛을 발하지 못하고, 대지의 두 축선을 따라 두 동으로 분리되어 있는 연구동과 실험동도 그 기능과 배치의 명쾌한 분리에도 불구하고 어정쩡하다. 사이트의 분석을 통한 기능의 상쾌한 해석까지는 좋았지만 최낙진은 그 벌린 사이에서 다음 행보를 발견하지 못하고 엉거주춤하고 있다. 일단 그는 그 벌린 사이의 공간을 어떻게 규정지을지를 해결하지 못하고 대충 얼버무리고 말았다. 장고 끝에 악수가 나왔는지는 모르겠지만 그 벌린 사이에서 그는 슬금슬금 도망쳐버리고 말았다. 무엇보다도 인식이 철저하지 못한 소치이다.

그래서 그의 아트리움의 내부는 공허해져버렸다. 실제로 「일양약품 연구소」의 전 층을 경험하다 보면 그것이 벌린 사이가 아니라 바닥에 뚫린 구멍이라는 것을 알게 된다. 그러니까 최낙진은 두 동으로 분리해놓고 무슨 이유에서인지 다시 그 사이를 메꾸라이(이 일본말을 용서하라. 나는 본래의 어의와 많이 어긋나 있는 개념을 전달하고자 할 때 주로 진짜 일본말인지도 잘 모르는 일본말을 쓰는 버릇이 있다)시켜버리는 헛된 노력을 하는 것이다. 그 아트리움의 빛은 공간에 대한 철저한 인식과 개념이 없이, 단지 가벽 뒤편의 어둡고 긴 복도를 따라 배치되어 있는 실험실의 노린내와 기니피그들의 운명을 가리기 위한 위장막에 불과하다. 최낙진은 허구의 빛을 만들어낸 것이다.

건축가에게 습작은 없다. 단지 성공한 작품과 실패한 작품이 있을 뿐이다.

건축은 땅과의 관계에서 시작한다. 그 땅이 일으키는 바람과 햇빛, 펼쳐진 들과 산과, 물과 관계를 맺으면서 건축은 이루어진다. 그 땅은 곧 자연이다. 집이 자연스러운 것이 아니라면 집은 이 땅 위에 존재할 수 없다. 그 말은 인간이 자연이 아니라면 집은, 건축은 존재할 수가 없다는 말과 같다. 그렇다면 집은 자연스러워야 한다. 모든 만물이 스스로 그러하듯이 집도 스스로 그러하다. 건축이 인위와 자연의 구분으로 나갈 때 인간의 삶은 황폐해진다. 인위가 스스로 그러한 것이 될 때, 건축 또한 스스로 그러한 것이 된다. 그러나 자연에는 폭력적인 얼굴이 있다. 역설적이게도 이 폭력적인 얼굴과 대응하며 시작된 것이 건축이라면 현대 건축은 다시 이것을 수용하며 나아가야 하는 부담을 안고 있다. 이 폭력적인 자연의 얼굴을 어떻게 건축이 수용할 것인가? 어떻게 건축을 자연의 확장으로 만들어갈 수 있는가? 우리는 자연의 확장으로서의 건축을 생각해야 하는 새로운 인식의 출발선에 서 있다.

■ 맺음말

집의 마음

 집에도 마음이 있다. 억압을 주는 사람이 있고 마음을 편하게 해주는 사람이 있는 것처럼 위압적인 집이 있고 더할 나위 없이 편한 집이 있다. 더 나아가 그런 인간의 마음까지 변화시키는 집이 있다. 아무리 악한 사람이라도 괜히 그 사람 앞에만 서면 다소곳해지는 것처럼 그 집 안에서는 이상하리만큼 푸근한 마음이 찾아와 너그러워지는 집이 있다. 이것이 집의 마음과 집이 지니는 그릇의 크기이다. 그릇이 작은 집은 아무리 고대광실 같은 규모라 해도 사람의 마음을 받아들이지 못한다. 그러나 반면에 그다지 화려해 보이지 않는 집인데도 이상하게 머물고 싶고 그 안에서 꿈꾸길 바라는 집이 있다. 그런 집에서는 으레 부모와 형제를 생각하고, 짝사랑하는 여인과의 행복한 날들을 상상한다. 그런 생각이 드는 집은 좋은 집이다.

 그러나 또 이런 집도 있다. 우리는 흔히 그것을 멋진 카페에서 볼 수 있는데, 이를테면 이런 것이다. 즉 중세의 성처럼 지어진 호프집이나 커피숍(이것은 필히 「황태자의 첫사랑」쯤을 연상시키는 분위기가 있다), 또는 모던한 인테리어가 확 깨는(?) 재즈 바 정도(이것은 우리가 착각하는 영화의 어느 한 장면과 닮아 있다)의, 분위기 위주의 집들이다. 그런 집들에서는 연인과의 기막힌 로맨스를 상상할 수 있겠지만 그런 유의 집들은 결코 그릇을 담지하는 집이라고 말하기는 어렵다. 특히나 관공서 건물들은 그러한 집의 마음을 단적으로 드러내준다. 이것은 단순한 필자의 느낌에 불과한 것이겠지만, 아마도 필자뿐만이 아니라 많은 다른 사람들도 그러할 것이라고 생각되어 용기를 가지고 발설해보자면 이렇다. 낡은 관공서, 후줄근한 건물의 관공서 직원들은 거의가 다 불친절하다. 그러나 새로운 청사, 깨끗이 단장되어 있는 관공서의 공무원들은 그 깨끗함만큼이나 단정하다. 물론 공무원들의 친절이라는 것이 늘 거기서 거기지만 이것은 비교적 설득력 있는 통계가 아닐까 싶다. 말인즉슨, 집의 마음에 인간의 마음이 지배당하고 있다는 것이다. 길을 걸어보자. 거기에는 무수히 많은 집들의 표정이 있다. 그 집 안의 사람들은 그 집이 가지고 있는 마음의 표정과 흡사하다. 집에는 모름지기 마음의 그릇이 있어야 한다. 우리는 종묘가 단순히 한국 고건축 중에서는 가장 긴 건물이기 때문에 그것에 그릇이 있다고는 하지 않는다. 거기에는 격이 있다. 사람의 마음을 어느 공간에 착 밀착시켜 안정감을 주는 그 집의 마음이 가지고 있는 넉넉한 공간이 눈에 보이지 않게 존재한다는 말이다. 그러나 일반인은 물론이겠거니와 전문가들조차도 이러한 집을 단박에 알아보는 것은 쉽지 않다. 평소 아는 이들과 같이 길을 가다가 그들이 "어, 저 집 괜찮다" 하는 집을 보면 거개가 다 모던한 장식(이제는 모더니즘 건축도 하나의 장식으로 차용된다)으로 치장되어 있는 경우이다. 그러니까 단적으로 말하자면 이렇다. 정말 좋은 집은 우리들의 마음속에 있다. 정말 좋은 집은 우리가 흔히 알고 있는 상식처럼 방위냐, 이중문이냐 아니냐 하는 것과는 거리가 멀다. 마음이 있는 집. 그 마음의 그릇이 나를 풀어주지 않고 적당한 긴장으로 편하게 하는 집, 그런 집들을 나는 좋은 집이라고 한다.

문지스펙트럼

제1영역: 한국 문학선

1-001   별(황순원 소설선 / 박혜경 엮음)
1-002   이슬(정현종 시선)
1-003   정든 유곽에서(이성복 시선)
1-004   귤(윤후명 소설선)
1-005   별 헤는 밤(윤동주 시선 / 홍정선 엮음)
1-006   눈길(이청준 소설선)
1-007   고추잠자리(이하석 시선)
1-008   한 잎의 여자(오규원 시선)
1-009   소설가 구보씨의 일일(박태원 소설선 / 최혜실 엮음)
1-010   남도 기행(홍성원 소설선)
1-011   누군가를 위하여(김광규 시선)
1-012   날개(이상 소설선 / 이경훈 엮음)
1-013   그때 제주 바람(문충선 시선)
1-014   보이는 것을 바라는 것은 희망이 아니므로(마종기 시선)

제2영역: 외국 문학선

2-001   젊은 예술가의 초상 1(제임스 조이스 / 홍덕선 옮김)

2-002　젊은 예술가의 초상 2(제임스 조이스/홍덕선 옮김)
2-003　스페이드의 여왕(푸슈킨/김희숙 옮김)
2-004　세 여인(로베르트 무질/강명구 옮김)
2-005　도둑맞은 편지(에드가 앨런 포/김진경 옮김)
2-006　붉은 수수밭(모옌/심혜영 옮김)
2-007　실비/오렐리아(제라르 드 네르발/최애리 옮김)
2-008　세 개의 짧은 이야기(귀스타브 플로베르/김연권 옮김)
2-009　꿈의 노벨레(아르투어 슈니츨러/백종유 옮김)
2-010　사라진느(오노레 드 발자크/이철 옮김)
2-011　베오울프(작자 미상/이동일 옮김)
2-012　육체의 악마(레이몽 라디게/김예령 옮김)
2-013　아무도 아닌, 동시에 십만 명인 어떤 사람
　　　　(루이지 피란델로/김효정 옮김)
2-014　탱고(루이사 발렌수엘라 외/송병선 옮김)
2-015　가난한 사람들(모리츠 지그몬드 외/한경민 옮김)
2-016　이별 없는 세대(볼프강 보르헤르트/김주연 옮김)
2-017　잘못 들어선 길에서(귄터 쿠네르트/권세훈 옮김)
2-018　방랑아 이야기(요제프 폰 아이헨도르프/정서웅 옮김)
2-019　모데라토 칸타빌레(마르그리트 뒤라스/정희경 옮김)
2-020　모래 사나이(E.T.A. 호프만/김현성 옮김)
2-021　두 친구(G. 모파상/이봉지 옮김)
2-022　과수원/장미(라이너 마리아 릴케/김진하 옮김)
2-023　첫사랑(사무엘 베케트/전승화 옮김)
2-024　유리 학사(세르반테스/김춘진 옮김)

2-025 궁지(조리스 칼 위스망스/손경애 옮김)
2-026 밝은 모퉁이 집(헨리 제임스/조애리 옮김)

제3영역: 세계의 산문
3-001 오드라덱이 들려주는 이야기(프란츠 카프카/김영옥 옮김)
3-002 자연(랠프 왈도 에머슨/신문수 옮김)
3-003 고독(로자노프/박종소 옮김)
3-004 벌거벗은 내 마음(샤를 보들레르/이건수 옮김)

제4영역: 문화 마당
4-001 한국 문학의 위상(김현)
4-002 우리 영화의 미학(김정룡)
4-003 재즈를 찾아서(성기완)
4-004 책 밖의 어른 책 속의 아이(최윤정)
4-005 소설 속의 철학(김영민·이왕주)
4-006 록 음악의 아홉 가지 갈래들(신현준)
4-007 디지털이 세상을 바꾼다(백욱인)
4-008 신혼 여행의 사회학(권귀숙)
4-009 문명의 배꼽(정과리)
4-010 우리 시대의 여성 작가(황도경)
4-011 영화 속의 열린 세상(송희복)
4-012 세기말의 서정성(박혜경)
4-013 영화, 피그말리온의 꿈(이윤영)
4-014 오프 더 레코드, 인디 록 파일(장호연·이용우·최지선)

4-015 그 섬에 유배된 사람들(양진건)
4-016 슬픈 거인(최윤정)
4-017 스크린 앞에서 투덜대기(듀나)
4-018 페넬로페의 옷감 짜기(김용희)

제5영역: 우리 시대의 지성

5-001 한국사를 보는 눈(이기백)
5-002 베르그송주의(질 들뢰즈/김재인 옮김)
5-003 지식인됨의 괴로움(김병익)
5-004 데리다 읽기(이성원 엮음)
5-005 소수를 위한 변명(복거일)
5-006 아도르노와 현대 사상(김유동)
5-007 민주주의의 이해(강정인)
5-008 국어의 현실과 이상(이기문)
5-009 파르티잔(칼 슈미트/김효전 옮김)
5-010 일제 식민지 근대화론 비판(신용하)
5-011 역사의 기억, 역사의 상상(주경철)
5-012 근대성, 아시아적 가치, 세계화(이환)
5-013 비판적 문학 이론과 미학(페터 V. 지마/김태환 편역)
5-014 국가와 황홀(송상일)
5-015 한국 문단사(김병익)
5-016 소설처럼(다니엘 페나크/이정임 옮김)

제6영역: 지식의 초점

6-001 　고향(전광식)
6-002 　영화(볼프강 가스트 / 조길예 옮김)
6-003 　수사학(박성창)
6-004 　추리소설(이브 뢰테르 / 김경현 옮김)
6-005 　멸종(데이빗 라우프 / 장대익 · 정재은 옮김)

제7영역: 세계의 고전 사상

7-001 　쾌락(에피쿠로스 / 오유석 옮김)
7-002 　배우에 관한 역설(드니 디드로 / 주미사 옮김)
7-003 　향연(플라톤 / 박희영 옮김)